UNIX/Windows/Macintoshを使った

実践 気候データ解析

――気候学・気象学・海洋学などの
報告書・論文を書く人が
知っておきたい3つのポイント

【第二版】

松山 洋・谷本 陽一

古今書院

How to Analyze Climatological Data

Hiroshi MATSUYAMA
Youichi TANIMOTO
Kokon Shoin, Publishers, Tokyo
2008 ©

はじめに

　「地球温暖化」への関心の高まりなどによって，気候データを扱う必要性が社会的にも高まっている．しかしながら，筆者たちが知る限り，気候データを解析するための体系的な教科書，しかも日本語で書かれたものは数少なかったように思う．そこで，筆者たちのささやかな経験をもとに，気候データ解析に必要な最小限の手法をまとめておきたいと思うようになった．それが本書を執筆することになったきっかけである．

　筆者たちも含め，人は具体的な目的がないと主体的に問題に取り組まないものである．気候データ解析に関して言えば，主体的に問題に取り組まなければならない場面とは，社会人ならば報告書や投稿論文を書く時，大学院生や学部生ならば投稿論文や博論/修論/卒論を書く時であろう．本書は，「気候学で報告書や論文を書くためのデータ解析のテクニック」を分かりやすく解説することを目指したが，具体的な研究課題があってこれに主体的に取り組んでいる時に本書を読むと，学習効果が高くなるように書いたつもりである．逆に言うと，問題意識を持たないまま本書を読んでも，理解は深まらないであろう．

　「気候データ解析」と言っても，表計算ソフトで扱えることには限界があるので，本書ではプログラミングの話が出てくる．どうかめげずに，UNIXやFortranの教科書を片手に読み進んでいってほしい．また，「気候データ解析」で扱うデータ量は膨大になることが多いので，本文中で練習問題は挙げなかった．しかしながら，本書で扱ったデータやプログラムの出典は全て明記されているので，やる気のある読者の皆さんは本書の内容を再現してみてほしい．それが理解のための早道である．なお，本書は「気候データをどのように取得するか(牛山，2000)」，「気候データをどのような作戦で解析するか(廣田，1999)」には触れず，「気候データ解析の技術解説」に特化した書物になっている．

　本書が気候学で報告書や論文を書く皆さんのお役に立つのならば，それは著者たちにとってこのうえもない幸せである．

平成16年7月15日
松山　洋　　(東京都立大学大学院理学研究科)
谷本　陽一　(北海道大学大学院地球環境科学研究科)

目次

はじめに ... i

1 気候データの特性と最低限必要な統計 ... 1
1.1 基礎統計量 ... 1
1.2 データの分布と異常値/欠測値の扱い ... 4
1.3 コンポジット(合成)解析 ... 11
1.4 統計的検定 ... 12
1.5 自由度の見積もり ... 20
1.6 相関係数, 共分散 ... 21
第1章のまとめ ... 28

2 時系列(1次元)データの解析 ... 29
2.1 フィルタリング ... 29
2.2 周期性の検出 ... 33
2.3 長期変化傾向(トレンド)の検出 ... 46
2.4 不連続的変化(ジャンプ)の検出 ... 50
第2章のまとめ ... 58

3 空間(2次元)データの解析 ... 59
3.1 主成分解析 ... 59
3.2 特異値分解解析 ... 72
3.3 クラスター解析 ... 77
第3章のまとめ ... 82

付録 研究環境の構築 ... 83
A1 お勧めはノートパソコン ... 83
A2 Windowsマシンでの研究環境の構築 ... 85

A3	Macintosh での UNIX 環境の構築	102
A4	バックアップの重要性	106
	付録のまとめ	109

参考文献 110

索引 113

あとがき 117

第二版あとがき 118

* UNIX は The Open Group Ltd. の登録商標です.
* Windows は The Microsoft Corporation の登録商標です.
* Macintosh は Apple Inc. の登録商標です.
* その他, 本書に記載されている会社名, 商品名などは, 一般に各社の商標または登録商標です.

1 気候データの特性と最低限必要な統計

この章では, 気候データ (climatological data) を解析する際に知っておくべきデータの特性と, 最低限必要な統計について述べる. 統計学の教科書 (例えば, 東京大学教養学部統計学教室編, 1991) を片手にどうぞ.

あと, 統計学の教科書としてはこのほかに, 東京図書から出ているシリーズがとっつきやすくて分かりやすい (具体的には巻末の参考文献を参照のこと). 合わせて御覧になるとよいと思う.

1.1 基礎統計量

気候データの中には, 気温, 降水量, 風速のように定量できるものと, 天候, 雲型といった定性的なデータがある. ここで考える気候データとは定量できるものであり, 時間方向に一定のサンプリング間隔で並ぶ時系列 (time series) であるとする. このような気候データの基礎統計量 (basic statistics) とは, 時系列資料に対する平均値, 分散または標準偏差などを指している. このような統計的な代表値は, これからさまざまな解析を試みようとしている気候データの大まかな特性を与える. 気候データの解析の目的がどのような場合でも, 基礎統計量はその解析結果を解釈する基本的な情報となるので, 必ず計算しておきたい.

平均 (average あるいは mean) とは, ふつう相加平均 (または算術平均, arithmetic mean) のことをさす. いま, 対象となるデータを x_i とし, データ数が時間方向に N 個あれば $\{x_i, i = 1, 2, 3, \ldots, N\}$, 平均値 $\bar{x}$ は,

$$\bar{x} = \frac{1}{N} \sum_{i=1}^{N} x_i \tag{1}$$

となる. 分散 (variance) σ^2 は,

$$\sigma^2 = \frac{1}{N} \sum_{i=1}^{N} (x_i - \bar{x})^2 \tag{2}$$

で与えられ, 標準偏差 (standard deviation) は σ^2 の平方根として求められる. 式 (2) を変形すると, 以下の式 (3) が得られる.

$$\sigma^2 = \frac{1}{N} \sum_{i=1}^{N} x_i^2 - \bar{x}^2 \tag{3}$$

式 (3) は，平均値を除いた偏差を計算することなく，データの 2 乗和と平均値から直接分散を計算できる点で実用的である．ここまでは，一般の統計学のテキストに記されている通りである．

この，式 (2) または (3) で定義される分散の他に，2 乗和を $(N-1)$ で割る不偏分散 (unbiased variance) というものがある．不偏分散とはその名の通りに有限長の観測データから無限長データにおける分散を推定する最も適切で偏りのない推定値であることを意味する．$(N-1)$ とする意味は，データのばらつき具合を量るには最低 2 個のサンプルが必要で，たった 1 個のサンプルからでは推定不能であることに基づいている．いずれにせよ，分散か不偏分散のどちらを示しているかは明示しておくべきである．

気候データが地理的に分布している場合，領域平均 (regional mean) を求めることもある．その場合，P 個の観測点がある領域内に均一に分布していれば，空間平均値 (spatial mean) $[x]$ は，

$$[x] = \frac{1}{P}\sum_{j=1}^{P} x_j \tag{4}$$

となる．同時にその対象領域内でのばらつきの指標となる空間的な分散を求めることができる．観測点の分布が明らかに領域内で偏っている場合は，とるべき領域を変更するか，または領域の中心位置から距離に応じた重み付けをすればよい．

これらの操作は線形なので，時間平均した空間平均値も，空間平均した時間平均値も同じになる．つまり，

$$[\bar{x}] = \overline{[x]} \tag{5}$$

となる．

時間方向の平均値に話を戻す．気候データの場合，気候値 (climatological mean) と呼ばれる代表値を求めることがしばしばある．最低でも 10 年程度の平均値が用いられるものの，データ全期間に対する単純な時間平均値と同義ではない．日本のような中高緯度地域における気温の変化では，1 年サイクルの季節変動が大きいので，日別，月別，季節別などに同じ日付，同じ月，同じ季節のもののある一定期間の平均をとり，それを気候値とする．

高気圧・低気圧の移動に伴う変動のような,周期が10日程度より短い変動については,データの年数が短い場合,単純に数年分のデータを平均しただけでは,滑らかな季節進行を表わさないことが多い.この場合,ある特定の年に生じたこのような短周期変動により気候値が歪曲されないように,元の時系列データに予め31日程度の移動平均(移動平均については2.1節で述べる)を施してから,数年分のデータを平均した方がよい.

　気温,降水,気圧といった多くの気象要素は,中高緯度地域では同様に季節サイクル (seasonal cycle) を持つものが多い.解析対象とする気象要素のサンプリング(日別,月別,季節別など)をもって平均的な季節サイクルを表わすには,少なくとも10年程度の季節サイクルを平均する必要がある.気候値を求めたら,オリジナルのデータから気候値を取り除いた値を求めることができる.

$$x_i' = x_i - \bar{x} \qquad (6)$$

この x_i' を偏差あるいはアノマリ (anomaly) と呼ぶ.

　例えば,月別の気温データの時系列から,月別の気候値を取り除き,月別の偏差データを新たに作成する.この偏差データを取り扱うことにより,季節サイクルを取り除いた年々変動 (interannual variability) 成分の特性を取り扱うことができる.

　気候値を求めると同時に,気候値に対する偏差の分散または標準偏差も同じサンプリングで求めることができる.これらから,例えば「1年のうちどの時期に年々変動が大きいか」と言ったことを知ることができる.

　同じ地点の気温と気圧のデータというように,分散が異なる偏差を同等に扱いたい場合は,偏差を標準偏差で割り,標準化(規格化,規準化,normalization, standardizationとも言う)すればよい.同じ気象要素に対しても,あえて標準化をすることにより空間的な分散のばらつきを整えてから解析する場合もある.

$$x_i'' = \frac{x_i - \bar{x}}{\sigma} \qquad (7)$$

この場合,平均ゼロ,標準偏差1の分布 (1.2節で述べる正規分布に従うとは限らない) をもつデータセットができる.

　平均値(気候値)を求めるとき,データに欠測がある場合の取り扱い方につい

ては次節で詳しく述べる. 例えば, 隣り合う2つの観測点のうち, 一方のデータ期間は10年, もう一方が20年分あるとする. これら2つの観測点における気候値を比較したい場合は, データ期間の短い方(この場合10年間)に合わせて平均をとって比較する.

1.2 データの分布と異常値/欠測値の扱い

正規分布

気候値としての平均値に対し, 偏差がどのようにばらついているかについては, 標準偏差からだけでは正確なところはわからない. 例えば, 札幌における8月の平均気温の分布(図1)は概ね正規分布(normal distribution)に近く, 平均に対し正負の偏差がほぼ対称に分布する. 正規分布とは図2のように滑らかな曲線で表わされる統計学の代表的な確率分布である. しかも正規分布は, 自然現象や人間社会の事象などさまざまな統計量の分布に当てはまることが知ら

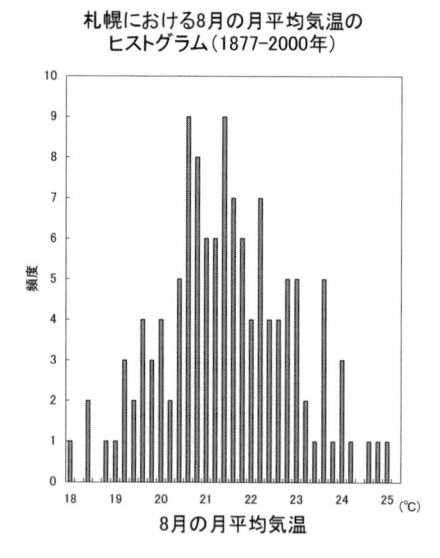

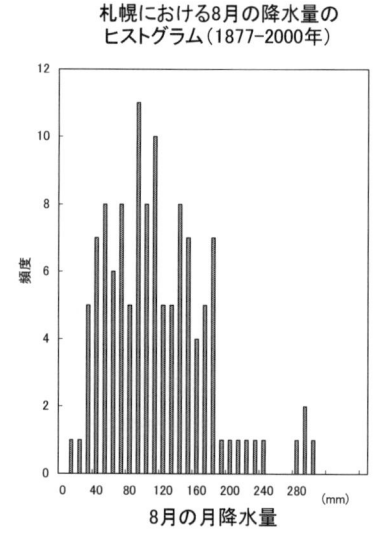

図1: 札幌における8月の月平均気温(左, 単位°C)と月降水量(右, 単位mm/month)のヒストグラム.

データの期間は1877〜2000年である. 気温の分布はほぼ左右均等に分布しているのに対し, 降水量は右の裾が長くなる分布をしている.

れている.正規分布に近い分布を示す場合,ある偏差が生じる頻度は標準偏差に応じて決まるので,標準偏差は偏差のばらつきを示す良い指標となる.

一方,降水量などといったものは一度きりの大雨の値が気候値にも影響するので,必ずしも偏差が平均値に対して対称に分布せず,正規分布とは形状がかなり異なり,右側の裾がかなり伸びた形になる (図1).このような場合,平均値を気候値とすることは必ずしも妥当ではない.場合によっては,中央値 (median),最頻値 (mode) などの別の代表値を気候値とした場合がよい時もある.しかし,通常は降水量についても平均値を気候値とし,それに対する偏差を用いて議論することが多い.この場合,気温のように正規分布に近いものとは,偏差が示す意味が異なることに注意する必要がある.

Normal distribution

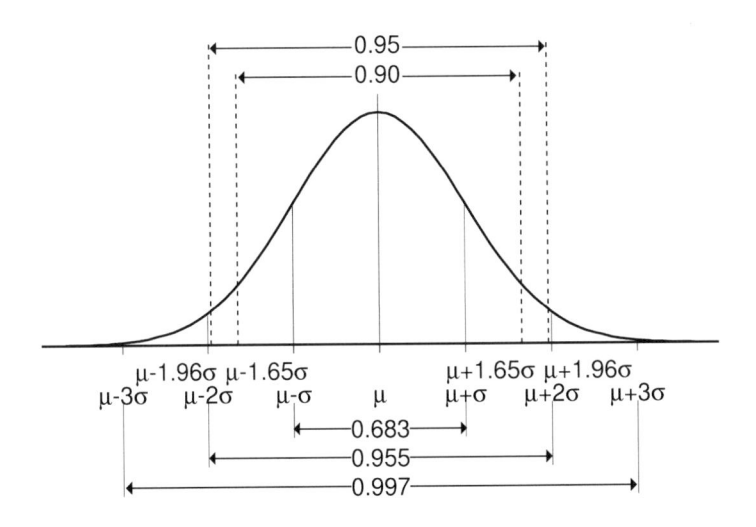

図 2: 正規分布の形.

μ は平均値, σ は標準偏差を示す.平均に対して左右均等に分布する.上に書かれた 0.90(0.95) という数値は全体の 90%(95%) が平均に対して $\pm 1.65\sigma(1.96\sigma)$ に入ることを示している.一方,下の 0.683(0.955, 0.997) は平均に対して $\pm 1\sigma(2\sigma, 3\sigma)$ 以内に全体のどの程度の割合が入るかを示している (東京大学教養学部統計学教室編, 1992 の図 1.8 をもとに作成).

異常値の除去

　ある気候データが異常かどうかを判断するためには, データの度数分布 (frequency distribution) とデータが取り得る値の範囲を, 事前に知っておく必要がある.

　上述したように, 気温は正規分布 (normal distribution) に従うと考えてよい. そのため, 北半球の下部対流圏の気温の長期変動について調べたYasunari et al. (1998) では, 高層気象観測地点での気温データのうち標準偏差の4倍を超えるものは採用せず, 3倍を超えるデータについても周囲の観測値と比較して, 顕著な違いが見られるものについては採用しない, という手順でデータの品質管理 (quality check) を行なった. 一方, 降水量は気温のように機械的な品質管理を行なうことはできない. このため, 世界各国の気象観測地点の各年・各月の気温と降水量をとりまとめたGHCN(Global Historical Climatology Network) Ver.2(Peterson and Vose, 1997) でも, 異常値 (outlier) との疑いがあるデータは正式なものとしては採用されていない. しかしながら, こういったデータは別のファイルに保存されていて参照できるようになっている. 特に降水量の極値については, それが本当かどうか関連する状況を確認するよう, データとともに配布されている文書中で述べられている (以下のURLを参照のこと). このようなデータを研究に採用すべきかどうかについては, 各自が様々な情報によって判断するしかない.

　　　http://www.ncdc.noaa.gov/oa/climate/ghcn-monthly/index.php

　　　　　　　　　　　　　　　　　　　　　　　(2008年5月確認)

　異常値は, 測器の不調や故障, データ転送時のトラブル, あるいは人為的なミスなど様々な要因によって生じる. ここでは, データが取り得る範囲を決めて異常値をはじいた例として, 1987～1989年にアメリカ合衆国カンザス州で行なわれた水文–気象特別観測で得られたデータの品質管理 (quality check) について紹介しておく (Betts et al., 1993). この研究では表1の範囲内に収まらないデータをまず機械的にはじき, 次にデータの時系列をコンピュータのディスプレイ上に表示して, スパイク状の異常値 (時間方向に突然大きく変化する異常値) を手作業で取り除くという, 気の遠くなるような品質管理が行なわれた. これは

あまりにも大変なので, 陸面モデルと観測値を組み合わせて, スパイク状の異常値の検出を自動化しようとした試みもある (Heiser and Sellers, 1995). しかしながら, 1999年11月にA.K. Betts氏から聞いた話では, 「Betts et al. (1993)で実際にデータの品質管理を行なったJ.H. Ball氏は, その後の特別観測で得られたデータを今日も手作業で編集している」とのことであった. この努力に対しては本当に頭が下がる. 単に観測を行なうだけでは信頼できるデータが得られないこと, そして信頼できるデータを得るために並々ならぬ努力がなされていることを, データ利用者は肝に銘じておくべきである. そしてデータ利用者は, 自分が用いているデータに誤りがないかどうか, 常に意識しながら解析を進めるべきである.

集計する際に欠測をいくつまで許すか？

元データから異常値を取り除いた後, 毎時の観測値から日平均値を求めたり, 毎日の観測値から月平均値を求めたりすることがある. この場合, 時日別データの中には欠測値 (missing data) が含まれていることもあり, 「集計する際に欠測をいくつまで許すか？」という問題でまた悩むことになる.

気象庁 (1990) によると, 日本の気象庁では, 日平均気温から半旬 (約5日)・旬 (約10日)・月の平均気温を求める際, 欠測日数が半旬・旬・月の日数のそれ

表1: Betts et al. (1993) で採用された, 地表面における正常なデータの範囲.
1987〜1989年にアメリカ合衆国カンザス州で行なわれた水文–気象特別観測のうち1987年のデータ解析の例 (Betts et al., 1993 の Table A1 より編集).

変数 (単位)	期間		
	5/26〜6/24	6/25〜8/21	8/22〜10/16
下向き短波放射 (W/m^2)	−5〜1,200	−5〜1,200	−5〜1,200
上向き短波放射 (W/m^2)	−5〜250	−5〜250	−5〜250
正味放射 (W/m^2)	−98〜1,000	−98〜1,000	−98〜800
地表面温度 (°C)	0〜55	10〜55	−10〜35
地中10cm の温度 (°C)	9〜30	18〜32	9〜30
地中50cm の温度 (°C)	11〜30	18〜30	11〜30

それ20%以下の場合は，欠測の日を除いて平均を求めるとしている．一方，日降水量から半旬・旬・月の積算降水量を求める場合はこれとは異なり，欠測の日の推定降水量の合計が，推定降水量を含む半旬・旬・月降水量の10%以下の場合に，欠測の日を除いて合計を求めるとしている (推定の方法としては隣接地点との比較等が考えられるが，気象条件や地形条件によって単純に比較できない場合があるので十分調査し，無理な推定を避けるようにする)．そして，気温・降水量いずれの場合も，原簿 (元データ) への記入方法は，全く欠測がなかった場合とは区別されている．この他，アマゾン川流域の降水量や河川水位の経年変化について調べた Marengo (1992) では，根拠は述べられていないが，欠測 7/33(約21%) がそのデータを使うかどうかの境目としている．

系統的に「集計する際の欠測に関する調査」を行なったわけではないので，これらの例は大まかな目安だと考えてほしい．しかしながら，元データを集計する際の欠測の数は，全体の20%ぐらいまでが許容範囲だと言えそうである．

時間内挿

時間内挿 (temporal interpolation) とは，時間方向に不連続に得られるデータから，観測されていない時刻のデータを推定する作業である．時間内挿が必要になる理由として，(1) 複数の時系列データを扱う場合に，観測時刻が同一のデータを比較する場合があること，(2) 一つの時系列データに欠測値が含まれており，その時刻のデータを推定したい場合があること，が挙げられる．実際には，時間内挿を行なうと結果の解釈の際に不確定要素が一つ増えるので，内挿を行なう前に欠測を許すような解析方法を考えるべきである．例えば，2.2節で述べるスペクトル解析の場合は，欠測値が含まれていても適用可能な Blackman–Tukey 法 (日野, 1977) を用いる，などである．

実際の時系列が変化の激しいものであっても，素直に時間内挿すると滑らかになってしまい，実際の時系列とは性質が異なるものになる恐れがある．例えば月降水量が 100mm でも，それが1日に集中して降るのと，毎日同じだけの量 (約3mm) が降り続くのでは，土壌水分量や河川への流出に大きな違いがあることが容易に予想される．降水が1日に集中した場合，土壌はあっという間に湿ってしまい，土壌中に貯えられなくなった水は表面流出として失われるだろ

う．そしてその後晴天が続くと，土壌水分量は蒸発散によって失われて減少していくだろう．その一方，毎日同じだけの降水が続くとなると，土壌が湿った状態が長く続くだろう．実際に，GSWP(Global Soil Wetness Project, Dirmeyer et al., 1999)という土壌水分量に関する研究プロジェクトでは，入力として使われる降水量の時間内挿に対して，土壌水分量がどれだけ敏感かが検討され，降水量の与え方によって，得られる土壌水分量の値が大きく異なることが示された (Sato and Nishimura, 1995; Dirmeyer and Zeng, 1999)．

　この他，月平均値から毎日の値を推定したり，日平均値から毎時の値を推定したりすることがある．例えば，小川, 野上 (1994) は，ある日の降水が雨か雪かを判別するために月降水量と月平均気温に調和解析を施して，平均的な日々の値を推定し，日平均気温によってその日の降水を雨と雪に分けた．また近藤 (1992) では，地表面温度の日変化が複数の余弦関数の和で表わせるとし，振幅と周期を与えて地表面温度の日変化を求めている．いずれにしろ重要なのは，異常値の除去の場合と同様，時間内挿を行なう時にもデータの特性をよく考慮する必要がある，ということである．

空間内挿

　空間内挿 (spatial interpolation) とは，空間的に不連続に分布するデータから，観測されていない地点のデータを推定する作業である．そして，以下に述べるように，空間方向については内挿をしても外挿はすべきではない．図3はGHCN Ver.2の地点データから作成した熱帯南アメリカにおける12月〜2月の積算降水量分布を示したものである．描画にはGMT(Generic Mapping Tools, Wessel and Smith, 1991) という描画ソフトを用いた．この描画ソフトは以下のWeb Siteから入手することができる．

http://gmt.soest.hawaii.edu/ (2008年5月確認)

　GMTにはsurfaceというコマンドがあり，不均一に分布する地点データをもとに任意の格子間隔で内挿/外挿を行なって，与えられた範囲内の格子点データ (gridded data) を作ることができる．格子点化に際しては曲率最小化アルゴリズム (Smith and Wessel, 1990) を用いている．そして，この格子点データを

DJF (81/82-90/91)

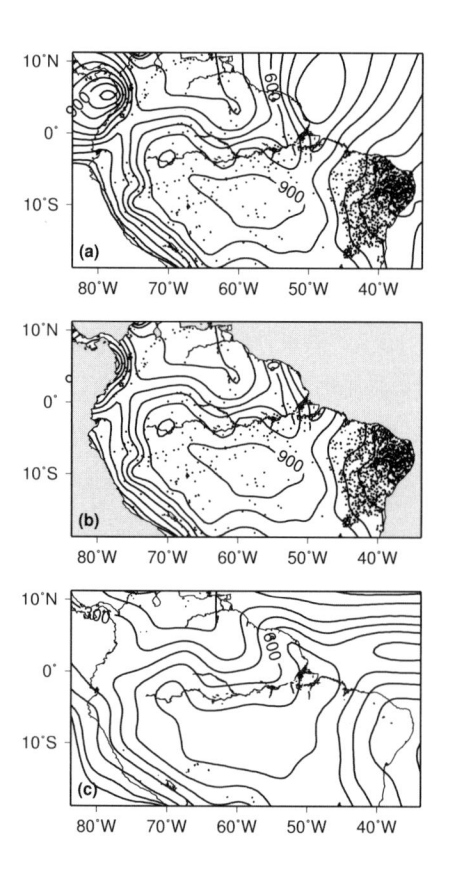

図 3: GHCN Ver.2 の地点データ (a, b のドット) から作成した熱帯南アメリカにおける 12 月〜2 月の積算降水量分布図 (単位 mm).

1981 年 12 月〜1991 年 2 月の 10 年間の平均値である. (a) 陸上のデータのみを用いた外挿によって海上にも等値線が引かれた図. (b) 海上の等値線をマスクした図. (c)CMAP(Xie and Arkin, 1997) を用いて作成した同じ期間の分布図. 等値線の間隔は 150mm までが 30mm 間隔, 150mm 以上は 150mm 間隔である. Matsuyama et al. (2002) の Figure 3(a)(b) を一部改変.

もとに降水量分布図を描いたものが図3(a)である．

図3(a)では海上にも等値線が引かれているが，これは陸上のデータのみを用いて海上の値を外挿したものであるから，海上の等値線には意味がなく図としては適切でない．このため，図3(b)では海上の等値線をマスクして陸上だけ等値線を引いた．参考のために，地点観測値，衛星からの複数の推定値，数値モデルの予報値を組み合わせて，陸上と海上の全球降水量を求めたCMAP(Climate Prediction Center Merged Analysis of Precipitation, Xie and Arkin, 1997) による分布図も図3(c)に示す．この図における海上の降水量は，気象衛星による観測値と数値予報モデルの出力によって推定されているので，推定にはある程度の誤差があっても根拠があるものである．図3(a)と(c)を比較すると，両者ともアマゾン川流域南部と河口付近の極大値は再現されているものの，図3(a)では外挿の影響で，大西洋上の熱帯収束帯沿いの多雨域が表現されておらず，問題があることが分かる．一方図3(c)では，図3(b)でコロンビアの西岸に現れた降水量の極大域が表現されていない．これはCMAPが$2.5°×2.5°$という粗いグリッド間隔で作られていることが一因であって，アンデス山脈の地形によって局地的に出現する多降水域は表現できないことになる．

描画ソフトにもいろいろあり，各人が慣れ親しんだものを使えばよいと思う．しかしながら，描画ソフトをブラックボックスとして使うのではなく，どのようなアルゴリズムで空間内挿を行なっているのか，人に尋ねられたら自分の言葉で答えられるように熟知しておくべきである．

1.3 コンポジット(合成)解析

時間方向に並ぶN個の偏差データからなる集合全体から，ある特定のk個のデータを抽出することを考える．偏差全体を平均するとゼロになるように，無作為に抽出したk個の偏差の平均(average of anomalies)はゼロに近い数値が出やすい．しかしながら，ある規準をもって作為的に抽出(nonrandom sampling)した場合には，偏差の平均はゼロから有意にずれたシグナルを持つ時がある．

この場合，抽出の規準となるものは気候学的に意味のあるものであり，かつ明確に定義できるものでなければならない．札幌の気温(図1)をまた例に引き

出せば,「8月の札幌における晴天日数がこの30年平均より1標準偏差多かった年」について,札幌における8月の気温偏差を平均すれば,統計的に有意な正の高温偏差が得られるであろう.このようにデータを作為的に抽出して処理することを一般にコンポジット解析 (composite analysis) という.多くの場合は,ある1点の観測点のみならず,水平・鉛直の空間方向の構造を見る場合が多いので,日本語では合成解析と呼ばれることが多い.

　コンポジットの規準が単に「太平洋高気圧の勢力が強かった年」とか,「自分が暑いと感じた年」というのでは明確な規準にならない.一方この規準は,必ずしも気候学的な判断基準だけとは限らない.「熱射病患者が平年より1標準偏差以上多い年」や「電力消費量が前年より5%以上増えた年」という規準であっても,なんらかの有意なシグナルを導き出すことができるだろう.

1.4　統計的検定

検定の基本的な考え方

　1.3節で見たコンポジット値の結果が期待通りの場合,抽出の規準と結果の解釈を順当に行なえる.しかしながら,その一方でわれわれは,偏差の平均が「たまたま」偶然に大きく求められてしまったのではないかという疑念をぬぐい去れない.この偶然の確率が10回に1度程度なのか,100回に1度程度なのかでは,同じ「たまたま」でも随分と度合いが違う.この偶然が生じる確率を利用して,コンポジットの値の統計的有意性を検証するのが統計的検定 (statistical test) と言われるものである.

　コンポジットの値が100回に1回くらいの偶然でしか起こり得ない事象であれば,統計的には99%の信頼限界 (confidence limit) で有意であると言うことができる.通常,信頼限界は95%ないし99%の値が用いられる.なお,統計的検定について書かれた教科書では,有意水準,危険率 (どちらも significance level),信頼限界,という用語がまちまちに用いられているが,これらの関係は以下のようになる.

有意水準5%=危険率5%=信頼限界95%

　検定の具体的な手順はデータの分布を正規分布や t–分布 (t–distribution) と

いったものを仮定して行なう場合があるが,ここではより直感的に統計的検定の意味がわかるノンパラメトリック検定 (nonparametric test) を紹介する.ノンパラメトリック検定とは,母集団の分布の型に関する情報なしに行なう検定方法のことである.

いま, 100 年分の夏の気温偏差の中から, 5 年分の偏差を抽出することを考える.同じ年を複数回抽出することに意味はないから, 5 年分の組み合わせは

$$_{100}C_5 = \frac{100!}{95! \ 5!} = 約 8,000 万通り$$

なのでほぼ無数にあると言ってよい.組み合わせすべてに対して偏差の 5 年平均値を計算するのは困難なので,乱数表を使って全ての組み合わせの中から,無作為に 100 組の 5 年分データの組み合わせを選ぶ.さらに,それぞれの組み合わせに対するコンポジットを求め,大きい方から小さい方へ順番に並べ替えヒストグラムを作成する.このコンポジットの分布はゼロに近いものの頻度が最も多く,絶対値が大きくなるにつれて頻度が小さくなる正規分布のような分布になるであろう.これで検定の準備は整った.

あとは作為的に抽出した方のコンポジット値がヒストグラムの中で,最上から (または最下から) 何番目にあるかを判定するだけである.上から (または下から) 5 番目以内に入っていれば, 100 回無作為に抽出してたまたま 5 回以下しか起きない事象であり,統計的には 95% の信頼限界を超える (あるいは 5% 有意水準) ということができる.無論,無作為の組み合わせを 200 個, 1,000 個と多くすれば,より検定の精度が高くなる.

t–検定

このように対象としているデータセットから確率分布を自ら作り出すのに対し,予め定まっている分布を利用して検定を行なうこともよく行なわれる.このような検定をパラメトリック検定という.代表的なものが t–分布を仮定した t–検定 (t–test) と言われるものである.

t–分布は一見すると正規分布に近い分布をしている.しかし,図 4 に示されるように自由度が小さいほど,それに基づくサンプル数の不確かさを反映して,対応する t–分布では平均に近いところの頻度が小さく両裾に広がりが大きい

Normal & t-distribution

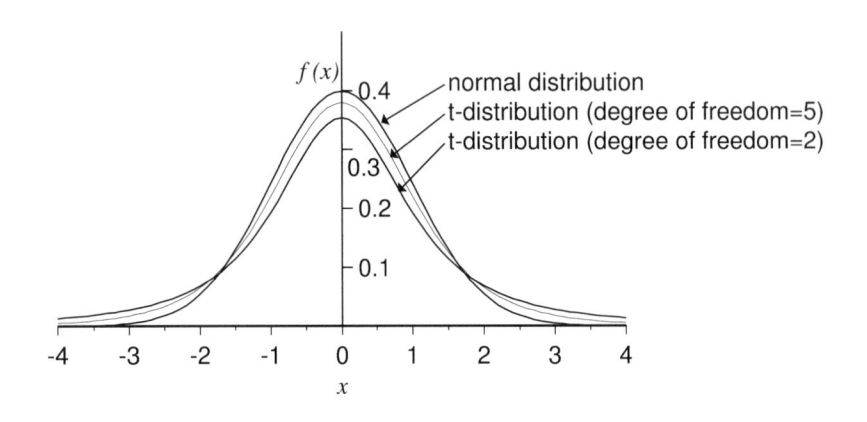

図 4: 自由度 5 と自由度 2 の t–分布と標準正規分布の関数形.
横軸の数字は標準偏差を表わす．t–分布は標準正規分布より $x=0$ の時の値が小さく，裾が長くなる分布をしている．自由度が大きくなるにつれて，t–分布は標準正規分布に近づく (蓑谷, 1988 の図 2.1 をもとに作成).

分布をしている．自由度の増大に伴って，t–分布は正規分布に近づく．ここで，コンポジット値としての偏差の平均を $\bar{x'}$，その平均に対する標準偏差を σ とすると，以下のような検定量 t が定義できる．この検定量 t は，元の度数分布が正規分布していてもいなくても定義することができる．

$$t = \sqrt{(n-1)}\,\frac{\bar{x'}}{\sigma} \qquad (8)$$

この場合，偏差全体の平均がゼロであるという制約のため，最大に見積もった場合でも，自由度 (degree of freedom, 1.5 節参照) k はサンプル数 n より 1 だけ少ない値になる．

今の場合，データは 5 年分だから自由度は最大でも 4 となる．自由度 4 の場合に 95% 信頼限界で有意になるためには，t–分布表 (表 2) より検定量 t が 2.776 より大きい必要があることがわかる．これは正規分布の場合の 5% 値である 1.960(表 2 で自由度 ∞ の時の値) に比べて大きい．これも，サンプル数が少ないことによる分布の歪みを考慮しているためである．

以上に述べたコンポジット値の検定は個々の観測点でそれぞれ行なわれる．

表 2: 両側の t-検定を行なう場合の t-分布表 (岸根, 1966 より編集).
有意水準 5%, 1%(信頼限界 95%, 99%) に関連するもののみを示す.

自由度 (k)	有意水準 5%	有意水準 1%	自由度 (k)	有意水準 5%	有意水準 1%
1	12.706	63.657	18	2.101	2.878
2	4.303	9.925	19	2.093	2.861
3	3.182	5.841	20	2.086	2.845
4	2.776	4.604	21	2.080	2.831
5	2.571	4.032	22	2.074	2.819
6	2.447	3.707	23	2.069	2.807
7	2.365	3.499	24	2.064	2.797
8	2.306	3.355	25	2.060	2.787
9	2.262	3.250	26	2.056	2.779
10	2.228	3.169	27	2.052	2.771
11	2.201	3.106	28	2.048	2.763
12	2.179	3.055	29	2.045	2.756
13	2.160	3.012	30	2.042	2.750
14	2.145	2.977	40	2.021	2.704
15	2.131	2.947	60	2.000	2.660
16	2.120	2.921	120	1.980	2.617
17	2.110	2.898	∞	1.960	2.576

有意なコンポジットを持つ観測点の空間的な広がりを見ることも有意性の判断基準となる. 有意な観測点が空間的に組織だった構造を持っている場合, 得られた空間構造も意味があると判断できるし, 局所的に点在している場合には気候学的にどのような解釈が可能か慎重になるべきである.

χ^2(カイ自乗) 検定

2.2 節の「スペクトル解析」で得られるパワースペクトル密度の統計的有意性や, 2.4 節の「ラページ検定」で得られる時系列の不連続の統計的有意性について調べる場合, χ^2(カイ自乗) 検定 (chi–square test) が用いられる. ここでは, χ^2 検定について簡単に紹介しておこう.

χ^2 とは, 観測された度数 (=各階級に属するデータの個数) と理論的に期待される度数との差の自乗を理論的度数で割り, 観測回数全体にわたって加え合わせたものである. すなわち, 標本の χ^2 が大きいということは, この標本を, 仮定した母集団から無作為に抽出したものと考えるには, 偏りがありすぎるということを意味している.

標本数を N とした時, この χ^2 は自由度 (1.5 節参照) $N-1$ の χ^2 分布をする. 図 5 は自由度が 1 から 5 までの χ^2 分布を示したものである. この図から分かるように, χ^2 分布の形は自由度によって大きく異なる.

χ^2 検定では, まず自由度と有意水準を決め (普通は 5% か 1%), χ^2 分布に従う統計量 (パワースペクトル密度やラページ検定統計量, 2.2 節および 2.4 節参照

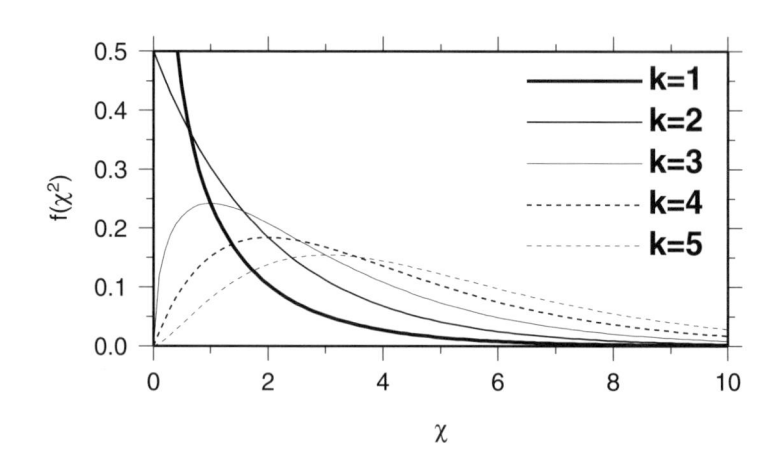

図 5: 自由度 1~5 の χ^2 分布.

のこと)のχ^2の値を計算する．次に，ここで決めた自由度と有意水準に対応するχ^2の値を表3から読みとり，その大小関係から統計的有意性を判定する，という作業を行なう．

どのような統計的検定手法を用いるかは，扱う統計量がどのような分布に従うかによる．気候データ解析の場合，その多くは正規分布，t-分布，χ^2分布，F-分布のいずれかに従う．なお，F-分布については本書では詳しく触れないが，重回帰分析の統計的検定などでは欠かせないものとなっている．詳しくは石村 (1992) を参照されたい．

二つある誤りと仮説の立て方

統計的検定では，ある仮説のもとである事象が起こる確率が，あらかじめ決められた確率 (=有意水準) よりも小さい場合，その仮説は真でないとして棄却する，という手続きが行なわれる．ここで，誤りには「正しいものを間違っていると判断すること」(第1種の過誤, type I error) と，「間違っているものを正しいと判断すること」(第2種の過誤, type II error) の2種類があり，後者の方が深刻な誤りだとされる (読者の皆さんも落ち着いて考えてみて下さい)．そこで，第2種の過誤を避けるために，仮説の立て方に工夫が必要になってくる．

ここで，統計の教科書でよく見られる検定では，「工業製品出荷で製品全体を母集団 (＞数万) とし，製品からのいくつかのサンプル (数十〜百) を標本とする．これらの母集団と標本の間に"差がない"ことを統計的に検定する．」となっている場合が多い．この場合は「差がない」ことが望まれる結果であり，第2種の過誤を避けるため，統計的検定にかける仮説は「母集団と標本の間に差がある」となる (読者の皆さんも落ち着いて考えてみて下さい)．このように，棄却されることによって初めて意味をなす仮説，すなわち棄却して無に帰するために立てる仮説のことを帰無仮説 (null hypothesis) と言う．

しかしながら，気候データ解析の場合には，シグナルを抽出するために，「母集団と標本 (あるいは標本どうし) の間に差がある」という結論を導きたい場合が多い．例えば，ある2地点の平均気温の差を検定したい場合には，以下のような手順を取る．

1. 導きたい結論は「2地点の平均気温の間には有意な差がある」である．

表 3: 自由度 k の χ^2 分布において $P_r\{\chi^2 > \chi_0^2\}$ となる χ_0^2 の値 (肥田野ほか, 1961 の付表 2 より編集).

有意水準 5%, 1%(信頼限界 95%, 99%) に関連するもののみを示す.

自由度 (k)	P_r			
	.995	.975	.025	.005
1	$392{,}704.10^{-10}$	$982{,}069.10^{-9}$	5.02389	7.87944
2	0.0100251	0.0506356	7.37776	10.5966
3	0.0717212	0.215795	9.34840	12.8381
4	0.206990	0.484419	11.1433	14.8602
5	0.411740	0.831211	12.8325	16.7496
6	0.675727	1.237347	14.4494	18.5476
7	0.989265	1.68987	16.0128	20.2777
8	1.344419	2.17973	17.5346	21.9550
9	1.734926	2.70039	19.0228	23.5893
10	2.15585	3.24697	20.4831	25.1882
11	2.60321	3.81575	21.9200	26.7569
12	3.07382	4.40379	23.3367	28.2995
13	3.56503	5.00874	24.7356	29.8194
14	4.07468	5.62872	26.1190	31.3193
15	4.60094	6.26214	27.4884	32.8013
16	5.14224	6.90766	28.8454	34.2672
17	5.69724	7.56418	30.1910	35.7185
18	6.26481	8.23075	31.5264	37.1564
19	6.84398	8.90655	32.8523	38.5822

表3(続き)

自由度 (k)	P_r			
	.995	.975	.025	.005
20	7.43386	9.59083	34.1696	39.9968
21	8.03366	10.28293	35.4789	41.4010
22	8.64272	10.9823	36.7807	42.7956
23	9.26042	11.6885	38.0757	44.1813
24	9.88623	12.4011	39.3641	45.5585
25	10.5197	13.1197	40.6465	46.9278
26	11.1603	13.8439	41.9232	48.2899
27	11.8076	14.5733	43.1944	49.6449
28	12.4613	15.3079	44.4607	50.9933
29	13.1211	16.0471	45.7222	52.3356
30	13.7867	16.7908	46.9792	53.6720
40	20.7065	24.4331	59.3417	66.7659
50	27.9907	32.3574	71.4202	79.4900
60	35.5346	40.4817	83.2976	91.9517
70	43.2752	48.7576	95.0231	104.215
80	51.1720	57.1532	106.629	116.321
90	59.1963	65.6466	118.136	128.299
100	67.3276	74.2219	129.561	140.169
y_r	-2.5758	-1.9600	$+1.9600$	$+2.5758$

$k > 100$ ならば $\chi_k^2(P_r) = k\{1 - \frac{2}{9k} + y_r\sqrt{\frac{2}{9k}}\}^3$
または $\chi_k^2(P_r) = \frac{1}{2}\{y_r + \sqrt{2k-1}\}^2$ を用いる.

2. 第2種の過誤を避けるため, 統計的検定にかける仮説は「2地点の平均気温の間には差がない」となる.

3. 帰無仮説の棄却域をある確率 (=危険率) のもとで定める (例えば危険率5%とする).

4. 判定する統計量が棄却域に入るかどうかを判定する.

5. 棄却域に入る場合, 仮説は棄却される.

  つまり,「危険率5%で2地点の平均気温の間には差がないとは言えない. より積極的には, 危険率5%で2地点の平均気温の間には有意な差がある.」という論理展開を行なうのである.

なお, 統計的検定には, 棄却域を両側に設定する両側検定 (two sided test/two tailed test) と, 片側にのみ設定する片側検定 (one sided test/one tailed test) があり, 次のように使い分ける. 例えば,「8月の札幌における晴天日数がこの30年平均より1標準偏差多かった年の8月の平均気温が, 同じく1標準偏差少なかった年の8月の平均気温と差があるか?」という場合には両側検定を行なう. 一方,「8月の札幌における晴天日数がこの30年平均より1標準偏差多かった年の8月の平均気温が, 同じく1標準偏差少なかった年の8月の平均気温よりも有意に高くなるか?」という場合には片側検定を行なう. なお, どちらを用いたらよいか判断できない場合には, 両側検定を行なうのが安全である.

1.5 自由度の見積もり

統計的検定を行なう場合, 自由度 (degree of freedom) が大きい方が統計的有意性の水準値は小さくなるので, なるべく自由度を多くとりたいと思ってしまう. しかしながら, 自由度とは本来主観的に決まるものではない.

自由度とは, 言葉を換えれば「対象としている気候データがいくつの独立なデータ (independent data) から成り立っているか」を示している. 気候データの場合は, 一般に時間方向にも隣り合うデータ同士には何らかの関連がある (これを自己相関を持つと言う. 2.2節参照) ので, データ数が自由度と等しくはならない.

極端な例を言うと，気温の季節変化を表わすにはおおよそ1ヶ月に1個のサンプリングで12個のデータもあれば明確な季節変化を表現できる．仮に1時間に1回のデータを持っていたとしても365×24個のデータから季節変化を表現することにあまり意味はない．むしろ，春夏秋冬に1個ずつであっても，ある程度季節変化を表現することはできる．つまり，与えられた気候データの長さと対象とする時間スケール (time scale analyzed) の双方によって自由度は決まる．毎時の気温365日間のデータについて季節変化を対象にした場合，自由度は2から多くても10以下と言える．逆に，日々の変化を対象にした場合は自由度は数百程度あると考えてよい．

時系列の特性に基づいて，より定量的に自由度を見積もる方法はいくつか提唱されている．例えば，比較的簡便なものは自己相関係数がはじめて 0.2〜0.3 程度になるラグ時間を特徴的な時間スケール (characteristic time scales) と定め，時系列全体の長さをこの時間スケールで割ったものを自由度とするものである．なお，自己相関係数の詳細は 2.2 節を参照して欲しい．

本書の読者の皆さんにむしろ勧めたいのは，この節の始めに述べた，対象とする時間スケールとデータの長さから自由度を決めてしまう方法である．そして，それによって見積もった小さい方の自由度で検定を行なうのがもっとも望ましいと考える．気候データの解析では統計的検定の結果が全てではなく，あくまでも解析値の信頼性をより良くするためのものであるということを踏まえておくべきである．最も重要なのは，解析値に対する気候学的な解釈である．統計的有意性と気候学的な有意性は必ずしも対応しないので，結果の解釈には注意が必要である．

1.6 相関係数, 共分散

この章の最後に，2変数の結びつきの強さを定量的に表わす相関係数 (correlation coefficient) と，相関係数の導出の過程で出てくる共分散 (covariance) について説明する．ここでは，複数の時系列を得た場合の解析手法を紹介する．複数の時系列とは，ある気象要素の時系列が複数の地点での場合と，同じ観測点における複数の気象要素の場合があるが，ここでは，前者を想定して話を進め

ていく．

最も基本となるものとして，2点の観測地点における偏差の時系列 (time series of anomalies) がある場合を考える．同じ気象要素の2つの偏差時系列を得た場合 $\{x_i', y_i', i = 1, 2, 3, \ldots, N\}$ にその2つがどの程度似た変動をしているかを直感的に知るためには，$x-y$ 平面図上で散布図 (scatter diagram/scatter plot) を描けばよい．横軸を x_i'，縦軸を y_i' とすれば，全てのデータの組み合わせは直交する $x-y$ 平面上に示される．2つの時系列に相関関係がある場合はある特定の領域に分布が集まることが予想される．

ここでは，南方振動指数 (Southern Oscillation Index, SOI) を例に考えてみる．なお，ここで用いたデータは以下の Web Site から入手することができる．

http://jisao.washington.edu/data/soicoads2/ (2008年5月確認) [1]

南方振動指数は，タヒチ付近の海面気圧偏差からオーストラリアのダーウィン付近の海面気圧偏差を引いた値として定義されている (図 6)．ここで，南方振動指数が負であれば (図 7a)，ダーウィン付近の気圧が高く (図 7b)，タヒチ付近の気圧は低い傾向にある (図 7c)．余談であるが，この時，東部熱帯太平洋の海

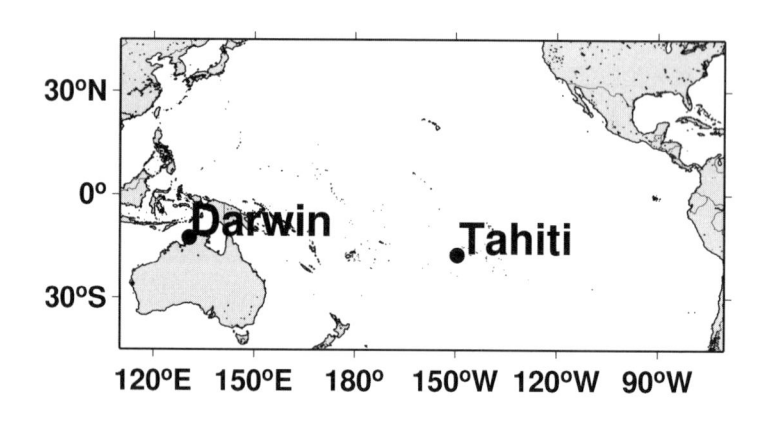

図 6: タヒチとダーウィンの位置．

---

[1] 2008年5月現在，この Web Site では 1950年1月〜2008年3月の南方振動指数が利用可能であるが，本書の初版に合わせて，以下では 1950年1月〜1997年12月のデータを用いる．

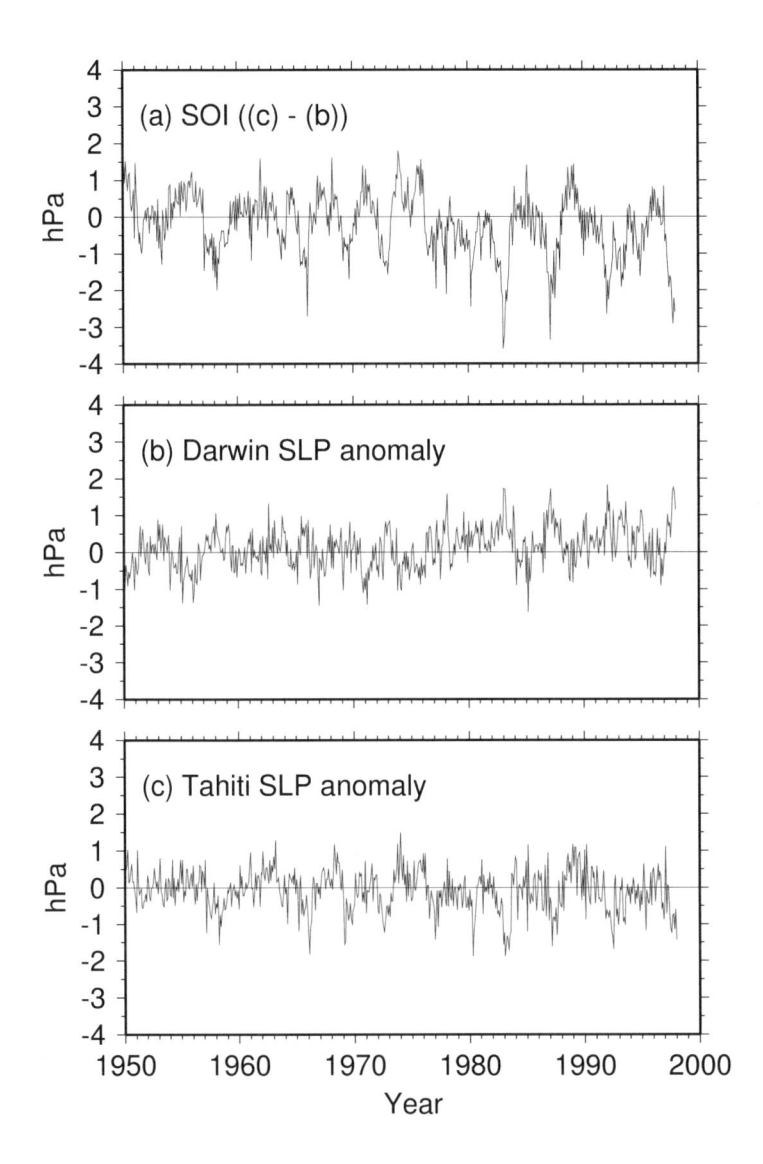

図 7: 1950 年から 1997 年までの熱帯太平洋大気海洋系における主要なインデックスのふるまい.

(a) 南方振動指数. (b) ダーウィン付近の海面気圧偏差. (c) タヒチ付近の海面気圧偏差. それぞれ, 横軸は年, 縦軸は hPa を表わす.
(http://jisao.washington.edu/data/soicoads2/, 2008 年 5 月確認 をもとに作成).

面水温は高い状態にあり,エルニーニョ現象 (El Niño event) が起きていると見なせる.

図8のように散布図上で横軸に南方振動指数,縦軸にタヒチ付近の海面気圧偏差を取ると,データが特定される点は第1象限と第3象限に集中している.この場合正相関 (または順相関, positive correlation) があると言う.また,南方振動指数とダーウィン付近における海面気圧偏差の関係のように (図7) 正と負の偏差がほぼ逆になる関係 (逆位相という) がある場合の散布図は第2象限と第4象限に偏っている.このような場合は逆相関 (または負相関, negative correlation) があると言う.一方,全く関連がない時,つまり無相関 (no correlation) の場合には,データが全ての象限にばらついてしまうと考えられる.

このような考えをもとに,より数値的に表わしたものを相互相関係数 (cross-correlation coefficient) という. 単に相関係数と呼ばれるものは相互相関係数の場合が多い.ただし,本書では自己相関係数 (2.2節参照) と区別するために,敢えて相互相関係数と表記する.相互相関係数は以下のように計算すればよい.

$$r_{xy} = \frac{\sigma_{xy}}{\sqrt{\sigma_{xx} \cdot \sigma_{yy}}} \tag{9}$$

ここで,

$$\sigma_{xy} = \frac{1}{N}\sum_{i=1}^{N} x_i' y_i', \quad \sigma_{xx} = \frac{1}{N}\sum_{i=1}^{N}(x_i')^2, \quad \sigma_{yy} = \frac{1}{N}\sum_{i=1}^{N}(y_i')^2 \tag{10}$$

ただし,

$$\sum_{i=1}^{N} x_i' = \sum_{i=1}^{N} y_i' = 0 \tag{11}$$

であることに注意する.ここで σ_{xy} を共分散 (covariance) という. σ_{xx}, σ_{yy} は偏差時系列の分散の定義通りである.つまり,式 (9) で示される相関係数とは規格化された2変数の共分散と見なすことができる.式 (10) の共分散は,標準偏差の式 (2) の変形と同じように変形して,以下のような式が得られる.こちらの方が計算では偏差を求めなくて良い点で実用的である.

$$\sigma_{xy} = \frac{1}{N}\sum_{i=1}^{N} x_i y_i - \bar{x}\bar{y} \tag{12}$$

(a)

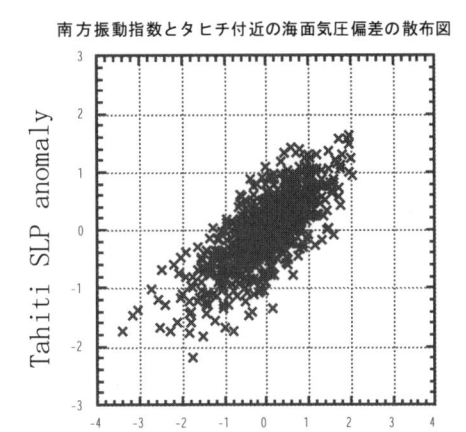

南方振動指数とタヒチ付近の海面気圧偏差の散布図

(b)

南方振動指数とダーウィン付近の海面気圧偏差の散布図

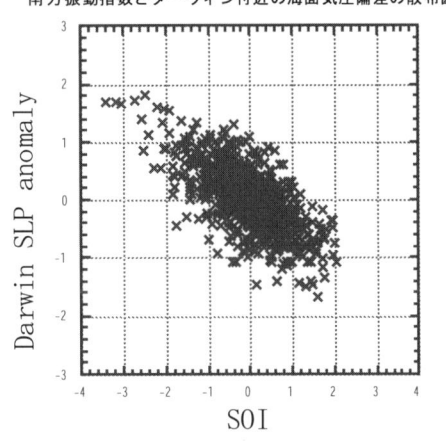

図 8: (a) 南方振動指数とタヒチ付近の海面気圧偏差の散布図. (b) 南方振動指数とダーウィン付近の海面気圧偏差の散布図.

(a), (b) とも縦軸, 横軸の単位は hPa である. (a) では散布が第 1 象限と第 3 象限に集中し, 正相関となっている. (b) では散布が第 2 象限と第 4 象限に集中し, 負相関となっている.

式 (9) の分母は単に 2 つの時系列を標準化 (normalization, standardization) しているに過ぎず，符号に影響を与えない．ここで大事なのは，分子である共分散である．正相関の場合は，第 1・第 3 象限にある点は全て正となり共分散を大きくする．逆相関の場合も，第 2・第 4 象限にある点は全て負となり，今度は共分散の符号が負になり絶対値は大きくなる．無相関の場合は，正負が打ち消し合い，共分散としてはゼロに近くなる．このように r_{xy} は標準化により -1 から 1 までの値をとる．また，相関係数の 2 乗値はある変数の分散のうち，他の変数との線形関係で説明される分散の割合を表わしている．

図 8 において散布の状況に最も適合する直線を求めることを考える．「最も適合する」とは散布の点から軸と平行に投影した直線までの距離の総和が最小になっていることを言い，このようにして求められた直線は次のように示される．

$$y - \bar{y} = r_{xy}\sqrt{\frac{\sigma_{yy}}{\sigma_{xx}}}(x - \bar{x}) \tag{13}$$

このような直線を回帰直線，回帰直線の傾き $r_{xy}\sqrt{\frac{\sigma_{yy}}{\sigma_{xx}}}$ を回帰係数と言う．この式から示されるように，回帰係数と相関係数には関係があり，相関係数とは散布全体の回帰直線への適合度を示す指標ということができる．

先ほどの相互相関係数は同じ時刻の $x_i{}', y_i{}'$ から求めたのに対し，さらに時間差を考慮したものをラグ相関係数 (lagged–correlation coefficient) という．時間的に $x_i{}'$ が先行し，$y_i{}'$ が 1 タイムステップ分遅延している場合，ラグ 1 の相互相関係数を求める場合の分散と共分散は

$$\sigma_{xy} = \frac{1}{N-1}\sum_{i=1}^{N-1} x_i{}' y_{i+1}{}', \ \sigma_{xx} = \frac{1}{N-1}\sum_{i=1}^{N-1} (x_i{}')^2, \ \sigma_{yy} = \frac{1}{N-1}\sum_{i=1}^{N-1} (y_{i+1}{}')^2 \tag{14}$$

となる．ラグの取り方は $y_i{}'$ をさらに遅れたようにもできるし，逆に $y_i{}'$ を先行させたようにもできる．その場合，共分散がいくつのサンプル数から計算されているかに注意したい．上記のように，時系列が保持する全てのデータを用いて計算している場合は，ラグ相関係数のためのサンプル数は $N-1$ 個となっている．あるいは，全部で月別偏差データが 20 年分あり，そのうち前後 2 年を省いた 16 年間のデータから相互相関係数を計算している場合などは，ラグ ± 24 ヶ

月まではどのラグ時間でも同じ個数 (この場合 16 年分) で計算することができる. なお, $x_i{}'=y_i{}'$ (つまり同一の時系列) の場合のラグ相関のことを自己相関といい, この時に得られる相関係数のことを自己相関係数という (2.2 節参照).

相互相関係数を得た場合に注意したいことを記しておく. たとえ相関係数が大きくても, それは 2 つの時系列に何らかの線形関係が強いことを示唆しているに過ぎないのであって, 直接因果関係を示すものではない. 特に, 同時の相互相関係数よりラグ相互相関係数の方が大きい場合は, そのときの先行している時系列が原因としての「説明変数」(independent variable/explanatory variable) であり, 遅延している方の時系列が結果としての「従属変数」(dependent variable) といった見方をしがちである. しかしながら, 実際にはその解釈が正しい場合もあるし, 正しくない時もある.

例えば, $x_i{}'$ と $y_i{}'$ の原因は全く別の $z_i{}'$ にあり, 影響が及ぶまでの時間について $x_i{}'$ と $y_i{}'$ との間に違いがあった場合にも, 同時よりもラグ相関係数の方が大きいという結果がもたらされる. このように, 因果関係の議論は, 相関係数のみならずどのような統計量に基づいたものであっても, 慎重になるべきであり, 物理的解釈を含む気候学的な根拠に基づいて議論されるべきである.

第1章のまとめ

　第1章では,気候データの特性と最低限必要な統計について述べた.この章のまとめは以下の通りである.

- 気候データ解析を行なう際には,必ず基礎統計量(平均,分散,標準偏差)を計算しておこう.場合によっては,標準化したうえで解析を進める場合もある.

- 気候データに対して時空間内挿を施す場合もある.その際には,データがどのような度数分布を取るか,事前に特徴を把握してから適切な内挿方法を用いる.

- ある規準をもってデータを作為的に抽出し平均することをコンポジット解析という.コンポジット解析では,客観的かつ明確な規準が必要となる.

- 統計的検定には t-検定, χ^2 検定などがある.どのような検定手法を取るかは,検定統計量がどのような分布を取るかによる.また,統計的検定の際には第2種の過誤を防ぐため,帰無仮説を立てる.

- 自由度とは,「対象としている気候データがいくつの独立なデータから成り立っているか」を示すものである.気候データの場合は一般に,データ数が自由度と等しくはならない.

- 相関係数とは,規格化された2変数の共分散のことであり,2変数の結びつきの強さを -1~1 の数字で表わしたものである.なお,相関係数が大きいからと言って必ずしも因果関係を表わしているとは限らないことに注意する必要がある.

2 時系列 (1次元) データの解析

この章では, 時系列 (1次元) データ (time series data, one dimensional data) の解析で重要なフィルタリング, 周期的変化 (周期性), 長期変化傾向 (トレンド), 不連続的変化 (ジャンプ) の解析の4つの手法を紹介する. 複数の時系列データを扱う場合にはこれに相関解析が加わるが, その詳細は1.6節で述べた. 本章ではまずフィルタリングについて述べ, ついで周期性, トレンド, ジャンプの解析で注意すべき点を挙げる.

フィルタリングや周期性の解析では, 対象とする時系列においてトレンドやジャンプを問題にしなくて良いことを前提としている. しかし, 現実には先に周期解析などを始めてしまい, 解析結果を見てからトレンドやジャンプを検討し直すといったことも多い. このような例に限らず, 気候データの解析では試行錯誤が避けられない. 最初に行なうべき解析手法が決まっているわけではないのである. 抽出したいシグナルは何かを踏まえ, まず取り組むことが大事である. 試行錯誤を面倒と思わないようにしたい.

本章で扱う題材は, 1.6節で相関係数の計算に用いた南方振動指数 (Southern Oscillation Index, SOI) にした. 南方振動指数は, エルニーニョ現象 (El Niño event) が起きているかどうかを表わす指標の一つであり, エルニーニョ現象は日本の天候にも大きな影響を与えるので, 読者の皆さんにもきっと興味を持って読んでもらえると思う.

2.1 フィルタリング

一般に気候データの時系列は様々な周波数 (あるいは周期) 成分が混在していて, 一見ランダムな変動に見えることが多い. そのような状況で, スペクトル解析 (2.2節参照) などから予め着目したい時間スケールがわかっている場合, 時間方向にフィルタをかけると時系列の振る舞いが見やすくなり, さらなる解析の見通しがよくなることがある. これらの手法は時間スケールが線形関係である (重ね合わせで説明される) ことを前提にしていることに注意する.

我々が得る気候データは膨大な瞬時値ではなく, 日平均なり月平均といったある平均操作 (averaging) がなされている場合が多い. 平均した期間より短い

時間スケールの変動は平均操作によって時系列から除外されているので, この平均操作も一種のフィルタと考えるべきである.

時間方向だけでなく, 空間方向にも着目したい空間スケールに合わせてフィルタリング (filtering) が行なえる. しかしながら, ここでは, 時間方向に対するフィルタリングに限定して話をすすめていく.

移動平均

時系列 $\{x_i, i = 1, 2, 3, \ldots, N\}$ に対して, 移動平均値 (running mean) y_k は

$$y_k = \frac{1}{2M+1} \sum_{i=-M}^{M} x_{k+i} \qquad (15)$$

と表わすことができる. 式 (15) は, 時刻 i から前後それぞれ M 個のサンプルを用い, 全部で $2M+1$ 個のデータより移動平均値を求めることを意味している. 気候データの場合の移動平均値とは, ある時刻 k に対して前後同じ数だけのデータを用いて平均を行なうものである. 一般的に広まっている Microsoft 社の Excel の表計算で行なわれる自動処理はこのようになっておらず, フィルタリングされた時系列に位相のずれが生じてしまうので注意する必要がある. Excel の移動平均は経済学分野の移動平均なので, 中日ではなく, 最終日に平均値が代入される.

M の数が多いほど, より低周波成分 (low frequency component) のみが残るローパスフィルタ (low pass filter) になっている. どの程度の期間を移動平均するかの目安としては, 着目したい時間スケールの約半分程度の期間をもって移動平均すればよい.

平均操作と同じように, 移動平均も平均期間よりも短い時間スケールの高周波成分 (high frequency component) を取り除いてしまう. ただし, 元の時系列 (ここでは, x_k) から移動平均値を取り除くことにより, 高周波成分のみを残すハイパスフィルタ (high pass filter) を設計することができる. さらに, 異なる移動平均を 2 段階で行ない, ある特定の周期帯だけを残すバンドパスフィルタ (band pass filter) の設計も可能である. 例えば, 図 7(a) の南方振動指数の元の時系列から 121 ヶ月 ($\simeq$10 年) 移動平均値を取り除き (図 9a, b), 残った時系列に

対してさらに13ヶ月 (≃1年) 移動平均を施すことにより, エルニーニョに特徴的な時間スケール (3〜4年) のみが残った時系列を求めることができる (図9c).

また, スペクトル解析で用いるフーリエ変換を活用したフィルタリングもある. 本書では深入りしないが, フーリエ変換の定義では, ある時系列をフーリエ変換し, すべての可能な周波数を用いてフーリエ逆変換を行なうと元の時系列が得られる. この逆変換の時に, 特定の周波数帯だけを用いれば, 特定の周波数帯の成分だけで構成される時系列が得られる.

いずれにせよ, このようなフィルタは利便性がある反面, 元の時系列の形を歪めることにもなるので, 注意が必要となる. そのため, フィルタリングされた時系列の変動量あるいは振幅が元の時系列に対して極端に小さくなっていないか, 時系列の振る舞いに位相のずれ (極大値や極小値の時刻が全体的にずれること) などが生じていないかなどを, フィルタリング前後の時系列を比較して確認することを, 読者の皆さんに勧めたい.

特殊なフィルタ

1.6節で述べたように, これまでに良く知られている気候学的なインデックス (例えば, 南方振動指数とかインドモンスーン指数など) と相関係数あるいは回帰係数を求めて, それらの指標との関連性を検討することは一般によく行なわれる. 一方, 気候データの場合, ある時系列がこのようなインデックスと完全に一致することは稀であり, それらのインデックスと一致しない成分の時空間特性を把握したいという目的も当然生じる.

そこで, 以下のようにオリジナルの時系列からある特定のインデックスと同期する成分を取り除くことが行なわれる.

$$(インデックスと無相関な時系列) = (オリジナル時系列) - \gamma \times (インデックス時系列) \quad (16)$$

ただし, γ はインデックスに対するオリジナル時系列の回帰係数 (26ページ) である.

ここで用いる γ はラグなしの回帰係数をとる場合が多い. インデックスの振る舞いに対して各格子点における時系列との間に時間的なズレが生じる場合は,

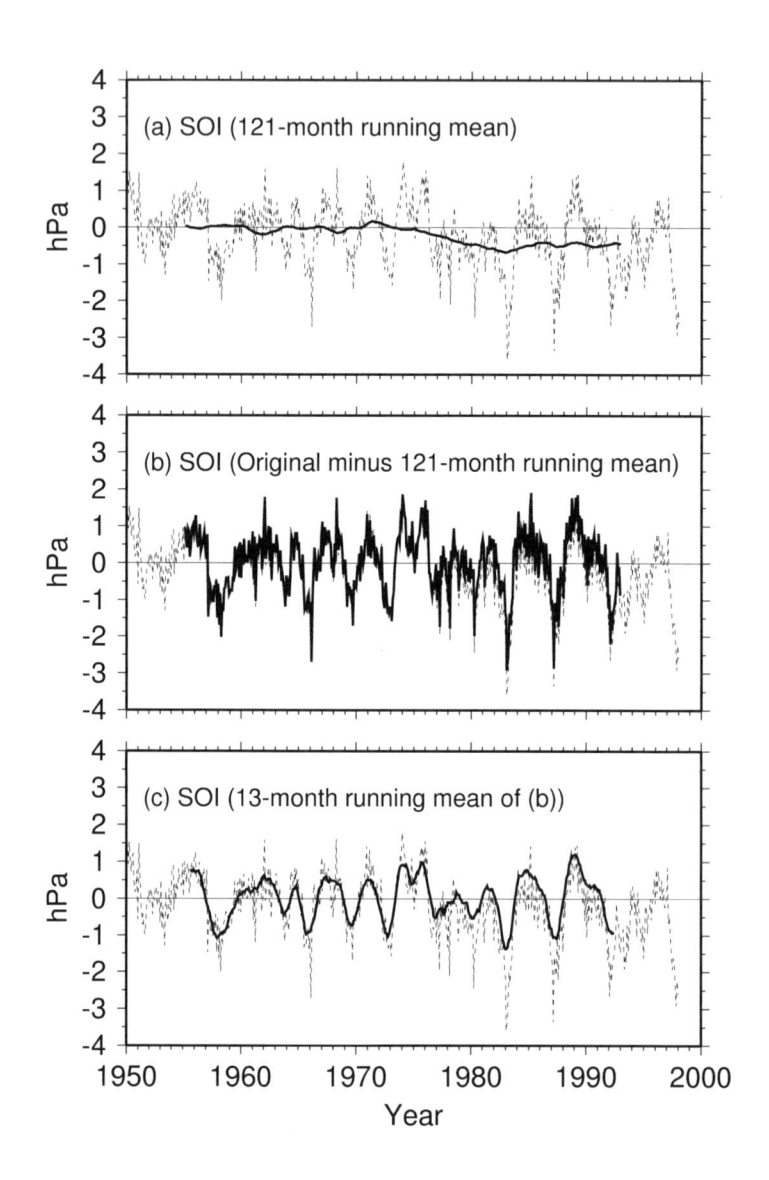

図 9: 1950 年から 1997 年までの南方振動指数 (SOI, 点線) に様々なフィルタをかけたもの (実線).
(a)121ヶ月移動平均. (b) 元の SOI から 121ヶ月移動平均を取り除いたもの. (c) 元の SOI から 121ヶ月移動平均を取り除いたもの (b) に対して, 13ヶ月移動平均を施したもの.

どの程度のずらし時間を用いるべきかが格子点ごとに異なる. そのため, このような特殊なフィルタを用いた解析を行なう際には, 注意が必要になってくる.

2.2 周期性の検出

この節では, まず自己相関係数とは何かについて説明する. ついで, 周期性 (periodicity) を検出するための手法であるスペクトル解析を行なう際, 技術的に注意すべき点について述べる. なお, スペクトル解析の基礎や数学的定式化についてはここでは詳しく説明しないので, 興味のある読者の皆さんは日野 (1977) を参照して下さい.

自己相関係数

同一の時系列に対して得られるラグ相関のことを自己相関, この時の相関係数のことを自己相関係数 (auto–correlation coefficient) という (1.6節参照). 図10は, 図7(a) の南方振動指数 (Southern Oscillation Index, SOI) のデータを前後120ヶ月ずらした時の自己相関係数をプロットしたものであり, これを実際に計算するのがプログラム1(autcor.f) である. ラグが0ヶ月の時の相関係数の

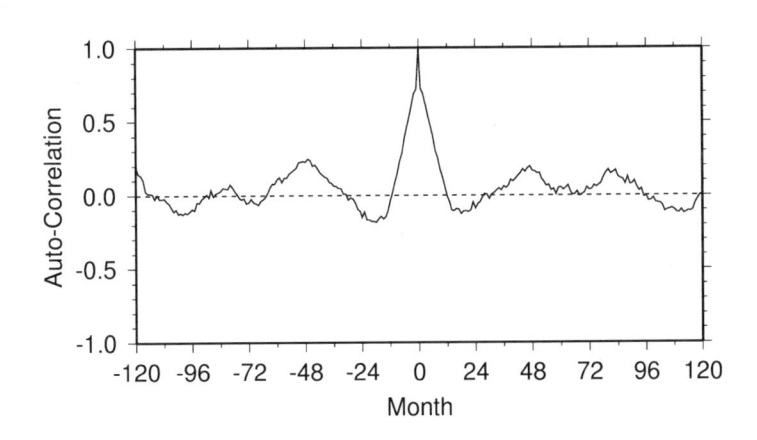

図 10: 図7(a) の南方振動指数から自己相関係数を計算してプロットしたもの.
　　　横軸はラグの数 (月), 縦軸は自己相関係数 (無次元) を示す.

値は 1.0 になるが，これは，全く同じ時系列どうしの相関係数を計算しているので当然の結果である．以下，ラグが大きくなるにつれて自己相関係数は漸減し，やがて周期的な変化をするようになることが分かる．なお，図 10 から，自己相関係数は左右にほぼ対象な形を取るという性質があることが分かる．

プログラム 1 南方振動指数の自己相関係数を求めるプログラム autcor.f.

```
      program autcor
      !! 南方振動指数の自己相関係数を計算するプログラム
c
c     '01. 8.24 coded by Hiroshi MATSUYAMA
c     '02. 9.11 revised by Hiroshi MATSUYAMA
c     '03. 6.30 revised by Hiroshi MATSUYAMA
c     '03.12.31 revised by Hiroshi MATSUYAMA
c
      implicit    none      !! 全ての変数の型宣言を行なう
c
      integer     i         !! do loop を回すために必要
     &           ,j         !! 同上
     &           ,ny        !! ラグ相関係数を計算する月数
      parameter (ny=335)    !! 同上 (335ヶ月=48年×12ヶ月-240ヶ月-1)
      character   header    !! 南方振動指数を読み飛ばすために必要
      real        soi1(ny)  !! ラグ相関係数を計算するための配列
     &           ,soi2(ny)  !! 同上
     &           ,x         !! 変数 soi1 の総和
     &           ,y         !! 変数 soi2 の総和
     &           ,x2        !! 変数 soi1 の 2 乗和
     &           ,y2        !! 変数 soi2 の 2 乗和
     &           ,xy        !! 変数 soi1×soi2 の総和
     &           ,r         !! ラグ相関係数
c
c-----出力ファイルを開く------
c
      open(unit=60,file='autcor.soi.out')
c-----1ヶ月ずらしながら前後 120ヶ月のラグ相関を求める------
c
      do j=1,241
c
c-----変数を初期化する------
c
        x =0.
        y =0.
        x2=0.
        y2=0.
        xy=0.
c
c-----南方振動指数のデータを開く------
c
        open(unit=10,file='soicoads2.1950-1997.dat')
        open(unit=20,file='soicoads2.1950-1997.dat')
c
c-----変数 soi1 は 1ヶ月ずつデータを読み飛ばす------
c
        do i=1,j
          read(10,'(a1)')header
        enddo
c
c-----変数 soi2 は前 121ヶ月，後 120ヶ月以外のデータを読む------
```

```
c
         do i=1,121
            read(20,'(a1)')header
         enddo
c
c-----変数soi1, soi2とも335ヶ月分のデータを読む------
c
         do i=1,ny
            read(10,1000)soi1(i)
            read(20,1000)soi2(i)
 1000       format(10x,f10.3)
c
c------変数を計算する------
c
            x =x +soi1(i)
            y =y +soi2(i)
            x2=x2+soi1(i)**2
            y2=y2+soi2(i)**2
            xy=xy+soi1(i)*soi2(i)
         enddo
         close(10)
         close(20)
c
c-----相関係数を求める------
c
         r=(ny*xy-x*y)/sqrt((ny*x2-x**2)*(ny*y2-y**2))
c
c-----相関係数をファイルに書き出す------
c
         write(60,6000)121-j,r
 6000    format(i5,f10.5)
c
      enddo
      close(60)
c
      end
```

図 10 でラグがゼロから増加するにつれて一度負になった自己相関係数は, ±48ヶ月付近と ±84ヶ月付近を中心に正の極大値 (最大値ではない) を取る. 南方振動指数は, エルニーニョ現象 (El Niño event) が起きているかどうかを表わす指標の一つであり, 数年 (3〜4年) 周期でエルニーニョ現象が起きていることを考えると, 図 10 は, 元の時系列と 48ヶ月, 84ヶ月ずらした時の時系列が似ていること, つまり, 一度エルニーニョ現象が起こるとその次に起こるのは大体 48ヶ月後, そのまた次に起こるのは大体今から 84ヶ月後であるという, おおまかな傾向があることを示唆している. もし, エルニーニョ現象が完全に周期 T をもつ周期関数 (三角関数など) であるならば, $X(t) = X(t + nT)$ が成り立つので, エルニーニョは 48ヶ月周期で起こるはずである. しかしながら, 実際には 48ヶ月後, 84ヶ月後という, 公約数/公倍数の関係ではない周期で起こっている. また, エルニーニョが周期関数であるならば, 48ヶ月もしくは 84ヶ月ずらした時の自己相関係数は 1.0 になるはずであるが, 実際には, ランダムノイズを含めて様々な周期現象が含まれているので, 図 10 はそのようにはならない.

このような, 自己相関係数の極大値が生じる周期 T(この場合約 3～4 年) を検出する方法が, 次に述べるスペクトル解析である.

スペクトル解析

スペクトル解析 (spectral analysis) とは, 現実の時系列データに含まれるいくつかの周期成分とランダムなノイズを分離して, その時系列データに卓越する周期を取り出すための手法である. 具体的な計算方法には Blackman–Tukey 法, FFT 法 (fast Fourier transform method), 最大エントロピー法 (maximum entropy method, MEM) などがある. これらの方法から得られるパワースペクトル密度 (power spectrum density) は, 周波数 (周期 $^{-1}$) で積分すると, (元の時系列データの次元)^2 という単位になる. このため, スペクトル解析の計算結果 (図 11～図 13) の縦軸は, (元の時系列データの次元)^2× 周期 という次元を持つ. ここでは, Blackman–Tukey 法, FFT 法, 最大エントロピー法を適用する際に注意すべき点について説明する.

Blackman–Tukey 法

Blackman–Tukey 法 (Blackman–Tukey method) は, 計算の原理が明確でプログラム上もとくに困難な点がない. また, 分解能がやや低くなりがちではあるが, 誤差の少ないスペクトルの推定が可能であるという特徴がある. さらに, 欠測値がある時系列にも対応可能である.

Blackman–Tukey 法では, 自己相関係数を求める最大のずらしの数 (ラグ) m を決定する必要がある. m とスペクトルの分解能は反比例の関係にあり, スペクトル推定精度を良くするためには, ラグ m を小さくすればよいが, これは逆にスペクトルの分解能を下げることになる. おおよその目安として, ラグ m は全データ数 N の 10%程度かそれ以下にするとよく ($m \leq N/10$), m がそれ以上の時にはスペクトルの推定精度は悪化する.

ここでは, 図 7(a) の南方振動指数のうち, 1950 年 1 月から 1992 年 8 月までのデータを切り出して, N=512 としたものに Blackman–Tukey 法を適用した. N=512 としたのは, FFT 法 (後述) で, 同じ時系列を入力データとした時に得

Blackman-Tukey Method

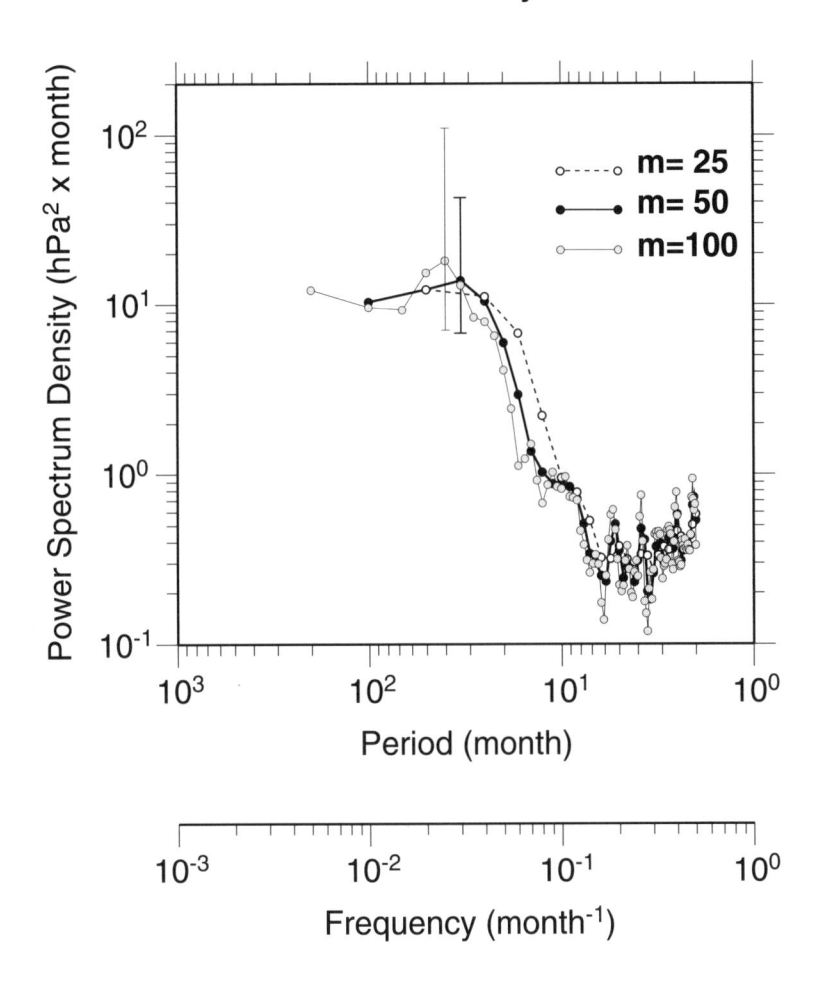

図 11: Blackman–Tukey 法でスペクトル解析を行なった結果.
 横軸は周期 (月) および周波数 (月$^{-1}$), 縦軸はパワースペクトル密度 (hPa^2× 月) である. 入力したデータは 1950 年 1 月から 1992 年 8 月までの南方振動指数 (図 7a) であり, 自己相関係数を求める最大のずらしの数 (ラグ)m を 25, 50, 100 とした結果について示した. それぞれのグラフで点は, パワースペクトル密度を求めることができる周期および周波数を示している. また m=50, 100 の時のエラーバーは, 有意水準を 5%とした時のパワースペクトル密度の信頼区間を示している.

られる結果と比較するためであり, FFT 法で用いるフーリエ変換は, データ長が合成数 (composite number, 1 とその数以外の約数を持つ自然数) の時に高速

化でき, 2のベキ乗の時に最も高速化されるからである[2].

なお, ここで用いた Blackman–Tukey 法のプログラムリストについては, 日野 (1977) の 228〜230 ページを参照してほしい. このプログラムリストは, 解析しようとする現象に強い周期性があり, 周波数が大きくなるに従ってスペクトルが減衰するようなデータの解析に適したものとなっている. そして, 南方振動指数もこういったデータの範疇に含まれる.

図 11 は, この時得られたパワースペクトル密度を示したものであり, $m=25$, $50(\simeq N/10)$, 100 の 3 通りのラグを取った時の結果を示した. $m=50$ の場合のパワースペクトル密度と比べると, $m=25$ の結果は得られる周期 (横軸) の範囲が狭くなっており, 分解能が低下していることが分かる. また, $m=50$ の結果で 30 ヶ月付近に見られるピークも $m=25$ では台地状になっておりあまり明確でない. 一方, $m=100$ の結果は 40 ヶ月付近に見られるピークが明瞭であるが, 全体的に変動が激しく, パワースペクトル密度の推定誤差が大きいことが分かる.

パワースペクトル密度の統計的有意性の評価

得られたパワースペクトル密度 (power spectrum density) のピークの統計的有意性 (statistical significance) を評価するためには, 有意水準 α(significance level, 普通は 5%または 1%) を決めてその信頼区間 (confidence interval, またはエラーバー error bar) を計算し, このエラーバーの範囲を考慮してもピーク値がその周辺の値 (およびそれらのエラーバー) よりも十分大きいことを示せばよい. 以下, この手順について具体的に述べる.

エラーバーの推定のためには, まず, 得られたパワースペクトル密度の自由度 (degree of freedom) が必要になる. Blackman–Tukey 法では, 自由度 k は $k = \frac{N}{m}$ (N:全データ数, m:最大ラグ数) で求められる. 図 11 の場合, $N=512$, $m=25$, 50, 100 であるから, k はそれぞれ 20, 10, 5 になる. ここでは, 図 11 のうち $k=10$ の時のパワースペクトル密度のピークが, 統計的に有意なものであるかどうかを調べよう.

ここで, 統計量 $k\hat{S}/S$(k:自由度, $\hat{S}$:スペクトルの推定値, S:真のスペクトル) は, 自由度 k の χ^2 分布 (chi–square distribution) に従う (1.4 節参照). そして,

---

[2] 最近では長さ N が 2 のべき乗でない FFT 法もある. Press et al.(1993) を参照のこと.

ある有意水準 α で χ^2 分布に従う変数の分布確率 (P) は, 以下のように表わされる.

$$P(\chi_0^2(1-\frac{\alpha}{2}) < \chi^2 < \chi_0^2(\frac{\alpha}{2})) = 1 - \alpha \tag{17}$$

ここで, 得られたパワースペクトル密度のピークの統計的有意性について調べるためには, 有意水準 α を決め, 自由度 k をもつ χ^2 分布のエラーバーを計算すればよい. ここでは有意水準 α=5%, 自由度 k=10 の場合を例に説明する.

1. 得られたパワースペクトル密度のピークの値 (これは上述したスペクトルの推定値 $\hat{S}$ になる) と, その前後の周期のパワースペクトル密度の値を控えておく.

   この場合 $\hat{S}$=13.845 hPa^2×month (対応する周期は 33.333ヶ月), 前後のパワースペクトル密度の値は 12.312 hPa^2×month(50.000ヶ月), 10.496 hPa^2×month(25.000ヶ月) になる.

2. 式 (17) に α=0.05(=5%) を代入する.

$$P(\chi_0^2(0.975) < \chi^2 < \chi_0^2(0.025)) = 0.95 \tag{18}$$

3. 自由度 $k=10$ の時の, 式 (18) における $\chi_0^2(0.975)$ と $\chi_0^2(0.025)$ の値を表 3 から求める. すると, $\chi_0^2(0.975)$=3.24697, $\chi_0^2(0.025)$=20.4831 になる. なお, 表 3 では, 有意水準 5% と 1% の時のエラーバーを推定するのに必要な χ_0^2 の値のみを挙げてある.

4. ここで, 式 (18) で χ^2=$k\hat{S}/S$ になる. また, k=10, $\hat{S}$=13.845 であるから, 解くべき不等式は以下のようになる.

$$3.24697 < \frac{10 \times 13.845}{S} < 20.4831 \tag{19}$$

5. 式 (19) を解くと, 真のスペクトル S が取りうる範囲が以下のように求められる.

$$6.7592 < S < 42.6399 \tag{20}$$

これが, 有意水準 5%の時のエラーバーになる.

6. 式 (20) で得られるエラーバーを, 周期 33.333 ヶ月の時のパワースペクトル密度の推定値 $\hat{S}$=13.845 hPa^2×month と一緒にプロットする.

7. このエラーバーの範囲を考慮してもピーク値がその周辺の値よりも十分大きければ (厳密には, 周期 50.000 ヶ月と 25.000 ヶ月についても 1.~6. の作業を行なってエラーバーを表示し, それぞれのエラーバーが重ならなければ), そのピークは統計的に有意であるということになる.

　しかしながら, 今回の場合, 前後のパワースペクトル密度の値は 12.312 hPa^2×month(50.000 ヶ月), 10.496 hPa^2×month(25.000 ヶ月) であり, 周期 33.333 ヶ月の時のエラーバーの範囲内に収まっている. つまり, 今回 Blackman–Tukey 法で得られたパワースペクトル密度は, 5%の有意水準で統計的に有意なものであるとは言えない (図 11).

ここで述べたのと同じ作業を, 顕著なピークを持つ m=100(k=5) の場合にも行なった. しかしながら, 得られたエラーバーの範囲は大きく, いずれにしろ Blackman–Tukey 法で得られたパワースペクトル密度は, 統計的に有意なものであるとは言えなかった (図 11). これには, m=100 の場合には $m \leq N/10(N$=512) を満たさないので, スペクトル推定値の誤差が大きくなるといった要因も効いているのであろう.

なお, ここで示した検定法のほかに, 元の時系列と同じ分散, 同じ自己相関係数を持つ時系列を人為的に作り出してこのパワースペクトル密度を求め, これと実際のデータから得られたパワースペクトル密度の比を各周波数で χ^2 検定するという方法もある. ここでは詳しく説明しないが, 興味のある読者は Gilman et al. (1963) を参照されたい.

FFT 法

Blackman-Tukey 法では大量の時系列データを処理するのに時間がかかるため, 1960 年代中頃, 計算時間を驚異的に短縮する計算法が開発された. これが FFT 法 (fast Fourier transform method) である.

FFT 法では, 広い周波数範囲にわたり比較的推定誤差の少ないスペクトルが得られる. しかしながら一方では, データ数の減少に伴いスペクトルの推定誤差が大きくなるという問題点もある. また FFT 法でスペクトル解析を行なう場合, 全データ数 N が 2 のベキ乗の時に, フーリエ変換が最も高速化される[3]. FFT 法の結果と比較するため, 前節の Blackman–Tukey 法では, 入力となる南方振動指数のデータ数を $N=512=2^9$ としたのである.

FFT 法で得られる生のスペクトルは Blackman–Tukey 法に比べて推定誤差が大きく, 一般に激しい振動を示す. これは高周波数のところ (短周期の部分) でとくに著しい. このため, Blackman–Tukey 法と同程度の精度でパワースペクトル密度を得るためには, FFT 法では平滑化操作 (smoothing) を行なうとよい.

変動の小さい安定した FFT スペクトル推定値を求めるには, (a) 全データを l 個の部分に分割してその各々の区間の FFT スペクトルの平均を取ること, (b) n 個の生の FFT スペクトルの移動平均をとること (これを周波数平滑という), のいずれかもしくは両方の操作を行なう. なお, (a) と (b) の操作を行なった場合の自由度 k は $k=2ln$ になる.

図 12 は, FFT 法で得られたパワースペクトル密度を示したものである. ここで用いた FFT 法のプログラムリストについては, 日野 (1977) の 231〜234 ページを参照していただきたい. 図 12 では周波数平滑のみを行なっており, $n=1$ は周波数平滑を行なわない場合 (自由度 $k=2$), $n=5$ は周波数平滑を行なった場合 (5 個の生の FFT スペクトルの移動平均をとること, 自由度 $k=10$) の結果である. この図より, 周波数平滑を行なわない場合の生の FFT スペクトルは, 大変激しい振動を示すことが分かる. ここで $n=5$ で周波数平滑を行なったのは, 図 11 で $m=50$ とした時の自由度 ($k=10$) と FFT 法の自由度を合致させるためである. 実際, 図 11 で $m=50$ とした時と図 12 で $n=5$ とした時では, ピークが現れる周期に若干の違いが見られるものの, 得られるパワースペクトル密度の形,

---

[3] 38 ページの脚注を参照のこと.

Fast Fourier Transform Method

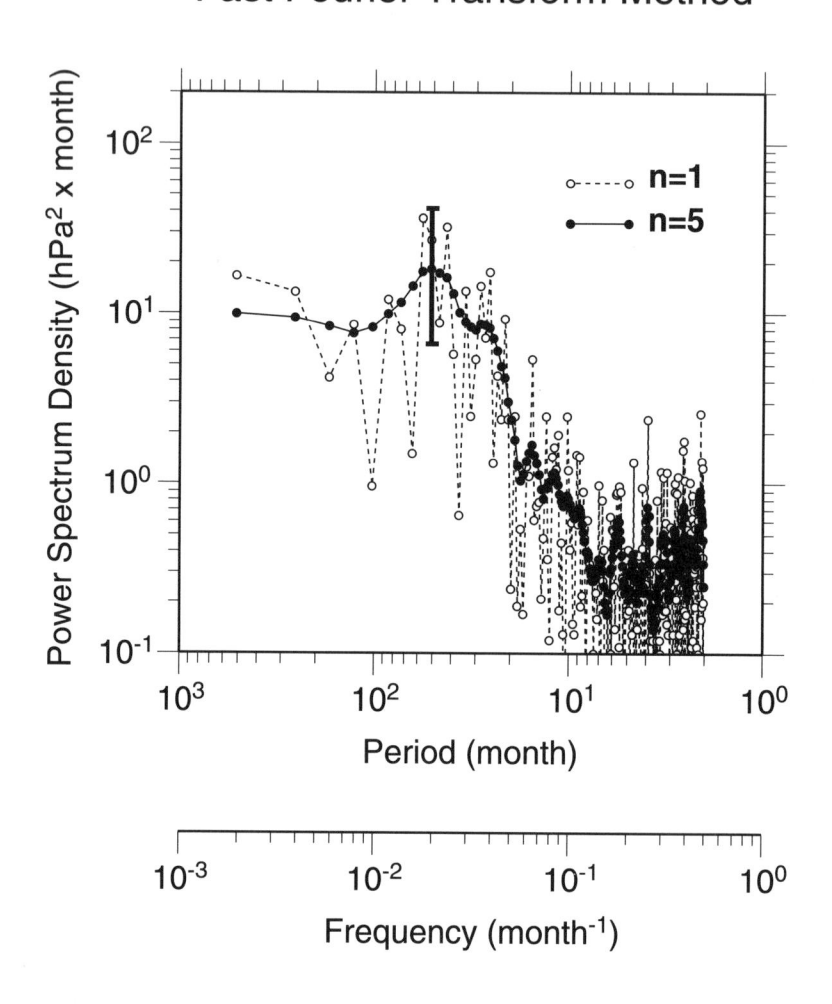

図 12: FFT 法でスペクトル解析を行なった結果.

図の縦軸, 横軸, 入力したデータ, 点の意味は図 11 と同じである. 周波数平滑を全く行なわない場合 ($n=1$) と行なった場合 ($n=5$, 5 個のスペクトルの移動平均を取った場合) の結果について示した. また $n=5$ の時のエラーバーは, 有意水準を 5%とした時のパワースペクトル密度の信頼区間を示している.

ピークの値ともよく似ていることが分かる.

　得られたパワースペクトル密度の統計的有意性の評価方法は, Blackman–Tukey 法の場合と同じである. そこで, 図 12 で, $n=5$ とした時のパワースペ

クトル密度のピークにエラーバーをプロットしたが, 周囲の値と比べてエラーバーはかなり大きくなった. このため, FFT 法で得られたパワースペクトル密度も統計的に有意であるとは言えない.

最大エントロピー法

　最大エントロピー法 (maximum entropy method, MEM) とは, 「情報エントロピー (information entropy) を最大にするようにスペクトルを決定する」という, これまでのスペクトル計算法とは全く異なる考え方に立ってスペクトルを推定する方法で, 1960 年代後半に提案された. ここで情報エントロピーとは, 情報理論における未知 (無知) の度合いを表わす概念のことを意味する.

　難しい定義はともかく, 最大エントロピー法では, 短いデータからも分解能の高い安定したスペクトルを推定できる, という圧倒的な優秀性がある. これは Blackman–Tukey 法や FFT 法には見られない特徴である. ここで, 気候データにスペクトル解析を適用することを考えると, 気候データは長くても 200 年程度であり有限な長さを持つものである. つまり, このような性質を持つ気候データには, 原理的には最大エントロピー法をあてはめるのがよいということになる. その一方, 最大エントロピー法で得られるパワースペクトル密度のピークに関する標準的な誤差推定方法は, 最近まで提案されていなかったという問題がある[4].

　最大エントロピー法と Blackman–Tukey 法や FFT 法の違いは, 与えられたデータについての基本的態度である. 最大エントロピー法ではデータは与えられたものだけと考えているのに対し, Blackman–Tukey 法や FFT 法は, 与えられたデータは本来のデータの一部だけと考えて以後の処理をする. これが, 出力としてのパワースペクトル密度に影響を与えている.

　最大エントロピー法では, 情報エントロピーを最大にするために, 予測誤差の期待値を最小にするという手続きを行なう. この予測誤差を推定するためにフィルタを用いるが, このフィルタを用いるとある項数 m で予測誤差の推定値

---

[4] 北海道大学大学院理学研究院／大学院理学院の見延 庄士郎さんによる. (http://www.sci.hokudai.ac.jp/~minobe/data_anal/chap3.pdf, 2008 年 5 月確認). 見延さんが御存知の範囲では, 大気海洋分野ではまだ最大エントロピー法の誤差推定理論を応用した論文を目にしたことはないそうである.

が最小となる．このため，m の値を適切に決定する必要があり，m はあまり大きな数とならないよう $m < N/2$ (N:全データ数) および $m < (2\sim3)\sqrt{N}$ を満たすように決定するのがよいとされている．最大エントロピー法では m の値により得られる結果が左右されるが，最適な m ではパワースペクトル密度の分解能と推定精度の向上を同時に期待でき，Blackman–Tukey 法や FFT 法のいずれの場合よりも優れた結果が得られる．

　図 13 は，最大エントロピー法で得られたパワースペクトル密度を示したものである．ここで用いた最大エントロピー法のプログラムリストについては，日野 (1977) の 235～236 ページを参照していただきたい．また，入力データは図 11 や図 12 を作成したのと全く同じ南方振動指数である．図 13 では $m=45$ ($m\simeq 2\sqrt{N}$, $N=512$)，$m=67$ ($m\simeq 3\sqrt{N}$)，$m=254$ ($m\simeq N/2$ かつ $m < N/2$) の 3 通りの計算結果が示されており，いずれも 40～50ヶ月付近に顕著なピークが現れている．図 11 や図 12 もほぼ同じ周期のところにピークが見られるが，これらと比較すると最大エントロピー法のピークが際だっていることが分かるだろう．

　しかしながら，前述したように，最大エントロピー法で得られるパワースペクトル密度のピークに関する標準的な誤差推定方法は，最近まで提案されていなかった．つまり，最大エントロピー法で得られるパワースペクトル密度のピークが有意かどうかは，通常あいまいなまま議論されているのが現状である．このため，図 13 では顕著なピークが見られるものの，図 11 や図 12 とは異なり信頼区間を表示することができないのである．

　ということは，スペクトル解析を行なう際には，得られたピークの誤差も含めて客観的に評価できるという点で，FFT 法を用いるのがよいということになる．ただし，気候データ解析では多くの場合，時系列のスペクトル構造を得ることだけで解析の目的を達してしまうことはあまり多くない．時系列の周波数分布を把握し，その後の解析の見通しをよくするためにスペクトル解析を行なうのであるから，特定のスペクトル解析法で得られたスペクトル構造の特徴に過度にとらわれないように注意すべきであり，物理的な解釈に活かす情報の一つであるという程度に考えるとよい．本書で行なってきたように，パラメータを変更してみたり，複数のスペクトルの推定手法を用い，それらの結果に共通

Maximum Entropy Method

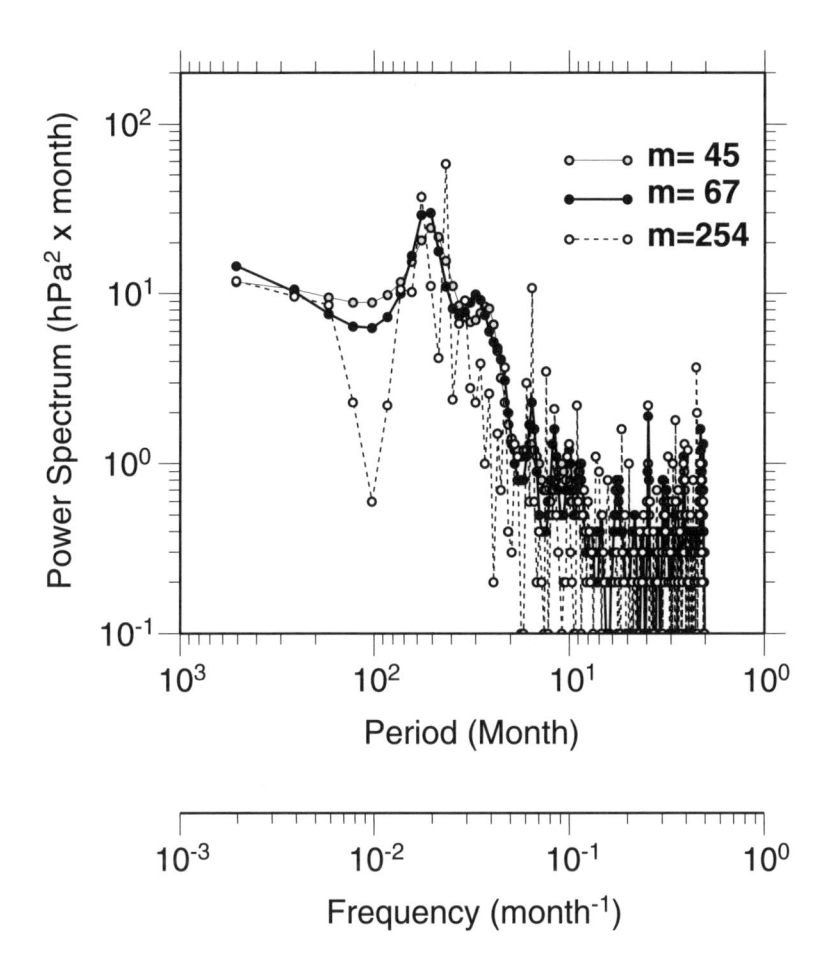

図 13: 最大エントロピー法でスペクトル解析を行なった結果.
　　　図の縦軸, 横軸, 入力したデータ, 点の意味は図 11 と同じである. 項数 m=45$(\simeq 2\times\sqrt{N}$, N=512), m=67$(\simeq 3\times\sqrt{N})$, m=254$(\simeq \frac{N}{2}$ かつ $m < \frac{N}{2})$ の 3 通りの結果について示した.

してみられるシグナルを見出すことが重要である. 共通して見られないシグナルについては, その後の解析において, より慎重に取り扱うべきである.

なお, スペクトル解析にはこの他に, クロススペクトル, 時空間スペクトルな

どがある. これらについては,「気候データ解析に必要な最小限の手法を解説する」という本書の範疇を超えるためここではこれ以上述べないが, 興味のある読者の皆さんは, 日野 (1977), 廣田 (1999) を参照して下さい.

2.3 長期変化傾向 (トレンド) の検出

Mann–Kendall rank statistic の概要

この節では, 図 7(a) の南方振動指数の経年変化 (1950～1997 年) に長期変化傾向 (long–term trend, トレンド) があるかどうかを調べよう.

トレンドを調べるのには, これまで線形回帰分析 (linear regression analysis) が用いられることが多かった. しかしながら, この手法は線形なので, 時系列の始まりや終わり付近に周囲から大きく外れた値があると, これらの影響を受けやすい. このため, トレンド検出にはより頑健 (robust) な Mann–Kendall rank statistic (Kendall, 1938) を用いるのがよい. 頑健とは, 統計的推定量が「理想化された仮定からの小さなずれに敏感でない」, すなわち外れ値 (outlier) の影響を受けにくいことを意味する.

Mann–Kendall rank statistic は, 時系列データが正規分布していなくても適用することができるノンパラメトリック検定 (nonparametric test) である. つまり, 時系列データの度数分布がどのようになるか事前に調べる必要がなく, 作業の手間が一つ減るという意味でもお薦めである. Mann–Kendall rank statistic の検定統計量 τ は, 具体的には以下の式で定義される.

$$\tau = 4(\sum_{i=1}^{N} n_i / [N(N-1)]) - 1 \tag{21}$$

ここで n_i は, サンプル数 N の時系列において, i 番目の値よりも大きい値が i 番目より後ろにいくつあるかを示したものである. 式 (21) において, τ が正 (負) の時にはその時系列は増加 (減少) 傾向にある.

τ の統計的有意性を調べるためには, τ の値を以下の τ_g と比較すればよい.

$$\tau_g = \pm t_g [(4N+10)/9N(N-1)]^{1/2} \tag{22}$$

ここで t_g は, 与えられた有意水準 (普通は 5%か 1%) における標準正規分布表

の値である (表 2 で ∞ の時の値). 検定すべき仮説 (帰無仮説, null hypothesis) は「時系列のトレンドはない」であり, $|\tau| > |\tau_g|$ の時に帰無仮説は棄却されて「その時系列のトレンドは統計的に有意になる」となる. 次節では図 7(a) の南方振動指数を対象に, 具体的な適用例について述べる.

実用上の注意点

　プログラム 2 は具体的に Mann–Kendall rank statistic を求めるプログラム mann.f である. ここでは, 1950 年 1 月〜1997 年 12 月の南方振動指数 (ファイル名:soicoads2.1950-1997.dat) を入力とし, 実質的な計算をサブルーチン kendall.f で行なっている. 両側 5%(1%) で t-検定を行なうと, 式 (22) の τ_g の値はそれぞれ $\pm 0.055(\pm 0.072)$ になる. プログラム 2 から得られる τ の値は -0.191 となるので, 南方振動指数は有意水準 1% で統計的に有意な減少傾向にあることになる. これは, 南方振動指数の 121 ヶ月移動平均値 (図 9a の太線) が右下がりの傾向にあることや, 1990 年代にエルニーニョ現象のような状態が長期間続いていたことと矛盾しない.

プログラム 2: Mann–Kendall rank statistic を求めるプログラム群. mann.f がメインプログラムで, kendall.f が実質的な計算を行なうサブルーチンである.

```
       program mann
                 !! Mann-Kendall rank statistic を求めるプログラム
c
c      '01. 8.25 coded by Hiroshi MATSUYAMA
c      '03. 8. 4 revised by Hiroshi MATSUYAMA
c      '03.12.31 revised by Hiroshi MATSUYAMA
c
       implicit   none      !! 全ての変数の型宣言を行なう
c
       integer    i         !! do loop を回すために必要
      &          ,ny        !! Mann-Kendall rank statistic を計算
                            !! する月数
       parameter (ny=576)   !! 576ヶ月=48 年×12ヶ月
       integer    icount(ny) !! Mann-Kendall rank statistic を計算
                            !! するのに必要
      &          ,i5        !! 有意水準 5%の時の有意性の判定
                            !! (i5=1 の時, 結果は統計的に有意)
      &          ,i1        !! 同上. ただし有意水準 1%
       real       soi(ny)   !! 南方振動指数 (hPa)
      &          ,tau       !! Mann-Kendall rank statistic の値
c
```

```fortran
c------南方振動指数を開く------
c
      open(unit=10,file='soicoads2.1950-1997.dat')
c
c------南方振動指数を読む------
c
      do i=1,ny
        read(10,1000)soi(i)
 1000   format(10x,f10.3)
      enddo
c
c-----Mann-Kendall rank statisticを計算する------
c
      call kendall(
     i                ny,icount,soi
     o               ,tau,i5,i1)
c
c------結果を画面に出力する------
c
      write(6,*)'1->significant, 0->NOT significant'
      write(6,*)' '
      write(6,*)'5%, tau=',tau,i5
      write(6,*)'1%, tau=',tau,i1
c
      end
c////////////////////////////////////////////////////
      subroutine kendall(
     i                ny,icount,soi
     o               ,tau,i5,i1)
            !! Mann-Kendall rank statisticを計算するサブルーチン
c
c     '01. 8.25 coded by Hiroshi MATSUYAMA
c            after Kousky and Chu(1978, JMSJ), p.459
c     '03. 8. 3 revised by Hiroshi MATSUYAMA
c     '03.12.31 revised by Hiroshi MATSUYAMA
c
      implicit   none       !! 全ての変数の型宣言を行なう
c
c-----from main program------
c
      integer    ny         !! Mann-Kendall rank statisticを計算
                            !! する月数
      integer    icount(ny) !! Mann-Kendall rank statisticを計算
                            !! するのに必要
      real       soi(ny)    !! 南方振動指数(hPa)
c
c-----to main program------
c
      real       tau        !! Mann-Kendall rank statisticの値
      integer    i5         !! 有意水準5%の時の有意性の判定
                            !! (i5=1の時，結果は統計的に有意)
     &          ,i1         !! 同上．ただし有意水準1%
c
c-----internal variables------
c
      integer    i          !! do loopを回すために必要
     &          ,j          !! 同上
     &          ,k          !! 同上
      real       taug(2)    !! tauの有意性の判定に用いるパラメータ
     &          ,tg(2)      !! 危険率5%，1%の時のt値
c                5 %   1 %
      data tg /1.960,2.576/ !! n=∞の時のt値
c
c-----Mann-Kendall rank statisticのn_iの計算------
```

```
c
      do i=1,ny
         icount(i)=0
c
         do j=i+1,ny
            if(soi(j).gt.soi(i))then
               icount(i)=icount(i)+1
            endif
         enddo
      enddo
c
c----Mann-Kendall rank statistic(tau)の計算------
c
      tau=0.
c
      do i=1,ny
         tau=tau+real(icount(i))/real(ny*(ny-1))
      enddo
c
      tau=4*tau-1
c
c-----taug の計算------
c
      do i=1,2
         taug(i)=tg(i)*sqrt(real(4*ny+10)/real(9*ny*(ny-1)))
      enddo
c
c-----統計的有意性の検定(tauとtaugの比較)------
c
      if(abs(tau).ge.taug(1))then
         i5=1
      else
         i5=0
      endif
c
      if(abs(tau).ge.taug(2))then
         i1=1
      else
         i1=0
      endif
c
      write(6,*)tau,taug(1),taug(2)
c
      end
```

　筆者が在外研究でブラジルに行っていた時に，1.2節で述べたCMAPを用いてアマゾンの降水量のトレンドを線形回帰分析で求めたことがある．その結果をブラジルの研究者に見せたところ，「何でMann–Kendall rank statisticを使わないの？」と言われた．つまり，筆者の理解ではMann–Kendall rank statisticは世界標準なのである．それゆえ，線形回帰分析で時系列のトレンドを評価していた人も，これからは頑健なMann–Kendall rank statisticを使おう．

2.4 不連続的変化 (ジャンプ) の検出

ラページ検定の概要

今度は,図7(a) の南方振動指数に不連続的変化 (discontinous change) が生じているかどうかを調べよう. これにはラページ検定 (Lepage test, Lepage, 1971) を用いるのがよい. これもノンパラメトリック検定 (nonparametric test) の一つであり, ある時期を境とする2つの標本の差が統計的に有意かどうかを調べる手法である. 具体的には, 2つの標本の分布の位置のずれの検定 (ウイルコクスン検定, Wilcoxon's test) と散らばりぐあいの検定 (アンサリー・ブラッドレイ検定, Ansari–Bradley's test) を同時に行なうもので, 2つの標本の分布の差の検定としては最も一般的に応用できる (石村, 1989). しかも, Hirakawa (1974) は11種類のノンパラメトリック検定を比較し, ラページ検定がその中で最も頑健 (robust) であることを示している.

ラページ検定は, 2つの標本のサンプル数がそれぞれ10以上であれば, 正規分布していなくても適用できるという特長がある (サンプル数が10未満の場合は, 平均値の差に関するt-検定などを行なうことになる. 1.4節参照). この場合, ラページ検定統計量 (HK) は自由度2のχ^2分布に従う (1.4節参照). HKは下記の式 (23) で求められ, その値が5.991(9.210) を越える場合, 2つの標本の差は有意水準5%(1%) で統計的に有意だとされる (Yonetani, 1992a).

$$HK = \{W - E(W)\}^2/V(W) + \{A - E(A)\}^2/V(A) \qquad (23)$$

HKは以下のように計算される. ここで $\{x=x_1, x_2, \ldots, x_{n1}\}$ と $\{y=y_1, y_2, \ldots, y_{n2}\}$ は, それぞれ大きさn_1とn_2の独立な標本 (independent sample) とする. ここで, xとyを組み合わせた大きさn_1+n_2の標本において, i番目に小さい値がxに属していれば$u_i=1$, yに属していれば$u_i=0$とする. この時, 式(23) の各項は以下のようにして求められる.

$$W = \sum_{i=1}^{n_1+n_2} i u_i \qquad (24)$$

$$E(W) = \frac{1}{2} n_1(n_1 + n_2 + 1) \qquad (25)$$

$$V(W) = \frac{1}{12}n_1 n_2 (n_1 + n_2 + 1) \tag{26}$$

$$A = \sum_{i=1}^{n1} i u_i + \sum_{i=n1+1}^{n1+n2} (n1 + n2 - i + 1) u_i \tag{27}$$

ここで, n_1+n_2 が偶数の場合, $E(A)$ と $V(A)$ は以下のようになる.

$$E(A) = \frac{n_1(n_1 + n_2 + 2)}{4} \tag{28}$$

$$V(A) = \frac{n_1 n_2 (n_1 + n_2 - 2)(n_1 + n_2 + 2)}{48(n_1 + n_2 - 1)} \tag{29}$$

n_1+n_2 が奇数の場合には, $E(A)$ と $V(A)$ は以下のようになる.

$$E(A) = \frac{n_1(n_1 + n_2 + 1)^2}{4(n1 + n2)} \tag{30}$$

$$V(A) = \frac{n_1 n_2 (n_1 + n_2 + 1)\{(n_1 + n_2)^2 + 3\}}{48(n_1 + n_2)^2} \tag{31}$$

n_1+n_2 の偶数・奇数で $E(A)$ と $V(A)$ の関数形が異なることは, 筆者も最近知った. 詳しくは Büning and Thadewald (2000) を参照してほしい.

実用上の注意点

実際にラページ検定を行なう場合,「ある時期を境として前後どれくらいの期間の差を取るか?」という問題がある. 具体的には,「式 (24)〜(31) の n_1 と n_2 の数をどのように決めるか?」ということである. 実際には, 差を取る期間を等しくして $n_1=n_2=n$ とするのが現実的であるが, n の決め方に決定的なものはなく, 試行錯誤で決めるしかない. 例えば日本の場合, 降水量では $n=25$ 年 (Yonetani, 1992a), 気温では $n=15$ 年 (Yonetani, 1992b) が適切であることが, 試行錯誤の結果分かっている. これは, どのくらい長周期の変動が卓越しているかによって, 適切な期間が決まることを意味している.

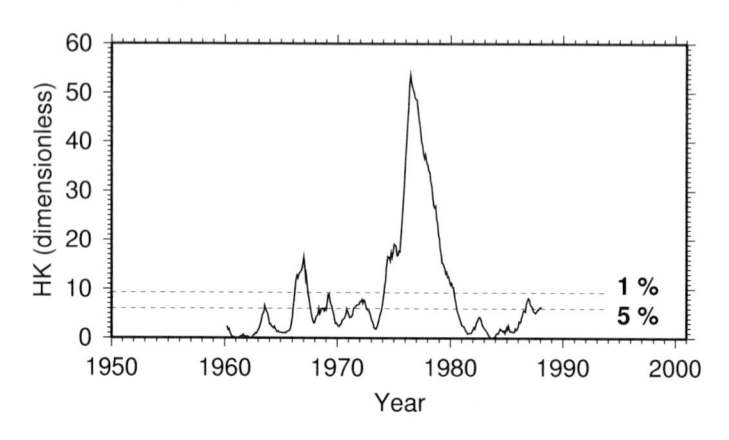

図 14: 南方振動指数 (図 9 の点線) に対して, ある時期を境とする前後 120ヶ月の差の検定 (ラページ検定) を施した結果.

横軸は年, 縦軸はラページ検定統計量 (HK, 無次元) を示す.

南方振動指数は各月ごとの値であり, エルニーニョ現象が 3〜4 年ごとに起こっていることを考えると, n は 12ヶ月の倍数にするのがよいであろう. プログラム 3 が具体的にラページ検定を行なうプログラム群であり, ここでは $n=120$ の例を示している (図 14). これら一連のプログラム群は, 南方振動指数 (ファイル名:soicoads2.1950-1997.dat) を入力とし, 各年各月におけるラページ検定統計量 (HK) の値を計算して, soi.lepage.n120.out というファイルに出力している. ここで $n=120$ としたのは, 南方振動指数の 121ヶ月移動平均値 (図 9a) と比較するためであり, 図 14 より, 1970 年代後半においてはどの月を境としても, 南方振動指数が不連続的に変化していることが分かる. 図 9(a) では南方振動指数の長期減少傾向が見られたが, これには 1970 年代後半における不連続的な変化も寄与していることがうかがえる. そしてこのことは, 熱帯から北太平洋にかけての大気–海洋相互作用の長期変動の解析結果 (例えば Nitta and Yamada, 1989) とも矛盾しない.

結局, n をいくつに設定するかは, どのような現象を見たいかに依っている. それは, はじめにで述べた「データをどのような作戦で解析するか (廣田, 1999)」という哲学的な問題になるので, ここではこれ以上述べない. 読者の皆さんも, ぜひ試行錯誤してみて下さい.

プログラム 3: ラページ検定を行なうプログラム群.

ここでは, ある時期を境とする前後 120ヶ月の差を求めている. ウイルコクソン検定統計量, アンサリー・ブラッドレイ検定統計量ともに本来は整数型変数であるが, ラページ検定統計量が実数型変数であるため, このプログラムではこれらも最初から実数型変数とした. lepage.f がメインプログラム, readat.f がファイルを開いて読むサブルーチン, wilcoxon.f がウイルコクソン検定統計量とアンサリー・ブラッドレイ検定統計量を求めるサブルーチン, ansari.f がラページ検定統計量を求めるサブルーチンである. プログラム名とは異なり, アンサリー・ブラッドレイ検定統計量は wilcoxon.f で求められることに注意.

```
      program lepage
           !! 前後120ヶ月の差をラページ検定するプログラム
c
c     '01. 9. 3 coded by Hiroshi MATSUYAMA
c     '03. 8. 3 revised by Hiroshi MATSUYAMA
c
ccccccccccccccccccccccccccccccccccccccccccccccccccccccccccccc
c     ・データの月数を変える時は ncol の値を書き換える.
c     ・差を取る期間(月数)を変える時は, nmon の値を書き換え
c       wilcoxon.f の numw の値を nmon の 2倍にする.
ccccccccccccccccccccccccccccccccccccccccccccccccccccccccccccc
c
      integer    ncol           !! 南方振動指数の月数
      parameter (ncol=576)      !! 同上 (576ヶ月)
      integer    nmon           !! 差を取る期間
      parameter (nmon=120)      !! 同上 (この場合は 120ヶ月)
      integer    i              !! do loop を回すために必要
     &          ,j              !! 同上
     &          ,k              !! 同上
     &          ,iyear(ncol)    !! 年
     &          ,imon(ncol)     !! 月
      real       soi(ncol)      !! 南方振動指数
     &          ,w              !! ウイルコクソン検定統計量
     &          ,a              !! アンサリー・ブラッドレイ検定統計量
     &          ,HK             !! ラページ検定統計量
c
      character*72 fname        !! 入力ファイル名
      data fname /'soicoads2.1950-1997.dat'/ !! 同上
c
c-----出力ファイルを開く------
c
      open(unit=60,file='soi.lepage.n120.out')
c
c-----入力ファイル(南方振動指数)を開いて読む------
c
      call readat(
     i             ncol,fname
     o            ,soi,iyear,imon)
c
c-----前後120ヶ月の差のラページ検定を行なう------
c
      do k=nmon+1, ncol-nmon
         call wilcoxon(
     i                  k-(nmon+1),ncol,soi
```

```
      c          o            ,w,a)
                 call ansari(
          i              nmon,nmon*2,w,a
          o            ,HK)
      c
      c-----結果をファイルに出力する------
      c
                 write(60,5000)k,iyear(k),imon(k),HK
      5000       format(3i5,f8.3)
              enddo
      c
              end
      c//////////////////////////////////////////////////
              subroutine readat(
          i             ncol,fname
          o            ,soi,iyear,imon)
              !! 南方振動指数を開いて読むサブルーチン
      c
      c       '01. 9. 3 coded by Hiroshi MATSUYAMA
      c       '03. 8. 3 revised by Hiroshi MATSUYAMA
      c
      c-----from main program------
      c
              integer     ncol          !! 南方振動指数の月数
              character*72 fname         !! 入力ファイル名
      c
      c-----to main program------
      c
              real        soi(ncol)    !! 南方振動指数
              integer     iyear(ncol)  !! 年
           &             ,imon(ncol)   !! 月
      c
      c-----internal variables------
      c
              integer     i             !! do loopを回すために必要
      c
      c-----入力ファイル(南方振動指数)を開いて読む------
      c
              open(unit=10,file=fname)
      c
              do i=1,ncol
                 read(10,1000)iyear(i),imon(i),soi(i)
      1000       format(2i5,f10.3)
              enddo
              close(10)
      c
              end
      c//////////////////////////////////////////////////
              subroutine wilcoxon(
          i             num,ncol,data
          o            ,w,a)
              !! ウイルコクスン検定統計量とアンサリー・ブラッドレイ検定統計量
              !! を求めるサブルーチン
      c
      c       '01. 9. 3 coded by Hiroshi MATSUYAMA
      c       '03. 8. 3 revised by Hiroshi MATSUYAMA
      c
      ccccccccccccccccccccccccccccccccccccccccccccccccccc
      c    ・差を取る期間(月数)を変える時は、lepage.fのnmon
      c      の値を変え、wilcoxon.fのnumwの値をnmonの2倍にする。
      ccccccccccccccccccccccccccccccccccccccccccccccccccc
      c
      c-----from main program------
      c
```

```fortran
      integer     num         !! 差を取り始める最初の月の値
     &           ,ncol        !! 南方振動指数の月数
      real        data(ncol)  !! 南方振動指数
c
c-----to main program------
c
      real        w           !! ウイルコクスン検定統計量
     &           ,a           !! アンサリー・ブラッドレイ検定統計量
c
c-----internal variables------
c
      real        sumF        !! ある時期を境とする前半の時系列の平
                              !! 均値 (ある時期を含まない)
     &           ,sumL        !! ある時期を境とする後半の時系列の平
                              !! 均値 (ある時期を含む)
      integer     numw        !! 差を取る期間×2
                              !! (lepage.f の nmon の2倍)
      parameter (numw=240)    !! 同上
      integer     i           !! do loop を回すために必要
      real        dat(numw)   !! ある時期を境とする前半の時系列と後
                              !! 半の時系列を詰め替えた配列
      integer     inum(numw)  !! 上で詰め替えた配列が並んでいる順番
                              !! を示すもの
     &           ,iw(numw)    !! ウイルコクスン検定統計量を求めるの
                              !! に必要
     &           ,ia(numw)    !! アンサリー・ブラッドレイ検定統計量
                              !! を求めるのに必要
      real        ansari(numw)!! 同上
     &           ,rmin        !! 配列 dat を並び替えるのに必要
      integer     ndummy      !! 同上
      character   dummy       !! 同上
     &           ,FL(numw)    !! 時系列の前半，後半を示す印
c
c-----ある時期を境とする前半と後半の時系列に，前半・後半を示す印をつ
c     けて配列を詰め替える．それぞれの平均値も求める．------
c
      sumF=0.
      do i=num,num+numw/2-1
         inum(i-num+1)=i
         dat(i-num+1)=data(i)
         FL(i-num+1)='F'
         sumF=sumF+data(i)
      enddo
c
      sumL=0.
      do i=num+numw/2,num+numw-1
         inum(i-num+1)=i
         dat(i-num+1)=data(i)
         FL(i-num+1)='L'
         sumL=sumL+data(i)
      enddo
c
      sumF=sumF/real(numw)*2.
      sumL=sumL/real(numw)*2.
c
c-----詰め替えた配列 dat を，値が小さい順に並べ替える------
c
      do i=1,numw
         rmin=1000000.
c
         do j=i,numw
            if(dat(j).le.rmin)then
               rmin  =dat(j)
```

```
                          dat(j)=dat(i)
                          dat(i)=rmin
c
                          dummy=FL(j)
                          FL(j)=FL(i)
                          FL(i)=dummy
c
                          ndummy =inum(j)
                          inum(j)=inum(i)
                          inum(i)=ndummy
                        endif
                  enddo
            enddo
c
c-----ウイルコクソン検定を行なう------
c
            do i=1,numw
                iw(i)=i
                ia(i)=numw-i+1
            enddo
c
            w=0.
            do i=1,numw
                if(FL(i).eq.'F')then
                    w=w+real(iw(i))
                endif
            enddo
c
c------アンサリー・ブラッドレイ検定を行なう------
c
            do i=numw/2,numw/2+ 1
                ansari(i)=real(numw/2.)
            enddo
c
            do i=1,numw/2-1
                ansari(i)=real(iw(i))
            enddo
c
            do i=numw/2+2,numw
                ansari(i)=real(ia(i))
            enddo
c
            a=0.
            do i=1,numw
                if(FL(i).eq.'F')then
                    a=a+ansari(i)
                endif
            enddo
c
            end
c///////////////////////////////////////////////////
            subroutine ansari(
     i                        n1,n3,w,a
     o                                   ,HK)
                                  !! ラペ一ジ検定統計量を求めるサブルーチン
c
c     '01. 9. 3 coded by Hiroshi MATSUYAMA
c     '03. 8. 3 revised by Hiroshi MATSUYAMA
c
c-----from main program------
c
            integer n1       !! 標本の統計量を求める期間
     &             ,n3       !! 差を取る期間
            real    w        !! ウイルコクソン検定統計量
     &             ,a        !! アンサリー・ブラッドレイ検定統計量
c
c-----to main program------
```

```fortran
c
        real       HK         !! ラページ検定統計量
c
c-----internal variables------
c
        integer    i          !! do loopを回すために必要
     &             n2         !! 差を取る期間
        real       ew         !! 式(25)の左辺
     &             ,vw        !! 式(26)の左辺
     &             ,ea        !! 式(28)または式(30)の左辺
     &             ,va        !! 式(29)または式(31)の左辺
c
c-----ラページ検定統計量を求める------
c
        n2=n3-n1
c
        ew=real(n1*(n1+n2+1))/ 2.
        vw=real(n1*n2*(n1+n2+1))/ 12.
c
c-----n3(差を取る期間)が偶数の時------
c
        if(mod(n3,2).eq.0)then
           ea=real(n1*(n1+n2+2))/4.
           va=real(n1*n2*(n1+n2-2)*(n1+n2+2))
     &        /real(48.*(n1+n2-1))
c
c-----n3(差を取る期間)が奇数の時------
c
        elseif(mod(n3,2).eq.1)then
           ea=real(n1*(n1+n2+1)**2)/real(4.*(n1+n2))
           va=real(n1*n2 *(n1+n2+1)*((n1+n2)**2+3))
     &        /real(48.*(n1+n2)**2)
        endif
c
        HK=(w-ew)**2/vw+(a-ea)**2/va
c
        end
```

第2章のまとめ

　第2章では,時系列(1次元)データの解析方法として,フィルタリング,周期性の解析,長期変化傾向の解析,不連続的変化の解析について述べた.この章のまとめは以下の通りである.

- 気候データの時系列にフィルタをかけることで,時系列の振る舞いを見やすくすることをフィルタリングという.フィルタは,注目する成分(低周波成分,高周波成分,特定の周期帯)を取り出すよう,自由に設計することができる.

- 周期性の検出には,得られたピークの誤差も含めて客観的に評価できるという点で,スペクトル解析のうちFFT法を用いるのがよい.ただし,気候データ解析では多くの場合,時系列のスペクトル構造を得ることだけで解析の目的を達してしまうことはあまり多くないので,スペクトル解析で得られた結果は,物理的な解釈に活かす情報の一つであるという程度に考えるとよい.

- 長期変化傾向の検出にはMann–Kendall rank statisticを,不連続的変化の検出にはラページ検定を用いるのがよい.どちらも外れ値の影響を受けにくく頑健なノンパラメトリック検定であり,汎用性が高い.

3 空間(2次元)データの解析

空間(2次元)データ(spatial data, two–dimensional data)の解析で重要なもののうちよくお目にかかるのは,主成分解析,特異値分解解析,クラスター解析であろう.主成分解析は主成分分析とも称されるが,以下では主成分解析という記述で統一する.本章ではこれらの解析手法の概要を説明し,解析を行なう際に注意すべき点について述べる.

3.1 主成分解析

主成分解析の考え方

1.6節で見たように,観測点数が数個であるうちは互いの相関係数を全て求めることにより,時系列どうしの相関関係を知ることができる.しかしながら,観測点数が数十,数百と増えた場合には相関係数どうしの羅列からはどのような関係があるのか一瞥のもとに判断するのはとても難しい.

相関係数の集まりを数学的な行列とみなし,その集まりの中で最も卓越している相関関係を抽出するのが主成分解析(principal component analysis, 経験的直交関数解析:empirical orthogonal function (EOF) analysis と同じ)と言われるものである.

さて,「卓越する相関関係」とはいったいどういうことであろうか? 1.6節でみたように,最も簡単な2次元の散布図(scatter diagram/scatter plot)を用いて考えてみる.

1.6節と同じように $x_i{}', y_i{}'$ は偏差の時系列で標準化はしていない.この散布図の中から「卓越する相関関係を見つける」ことは,「散布図の中でのばらつき具合をもっともよく説明する直線軸を探すこと」と等しい.もう少し数学的に書くと,$x-y$ 平面上で

$$\vec{z} = \begin{pmatrix} w \\ v \end{pmatrix} \tag{32}$$

とすると,

$$\phi = wx' + vy' \tag{33}$$

の ϕ の分散が最大になる w と v の組み合わせを見つけることになる．これは，上式から分かるように，$x-y$ 平面上での 1 次変換をしているに過ぎない．

では，どのようにして w と v の組み合わせを求めるかを続けて見ていきたい．$\phi(x', y')$ の分散は以下のようになる．

$$\phi^2(x', y') = w^2 \sigma_{xx}^2 + 2wv\sigma_{xy} + v^2 \sigma_{yy}^2 \tag{34}$$

ここで，$\vec{z}$ は方向だけ示せばよいから規格化ベクトル (normalized vector) とすると，

$$w^2 + v^2 = 1 \tag{35}$$

上の 2 つの式を満たす w, v はラグランジェ未定乗数法 (Lagrange multiplier method) より以下のように求められる．詳細は一般的な解析学のテキスト (薩摩, 2001 など) を参照して欲しい．

$$F(w, v, \lambda) = \phi^2(w, v) - \lambda(w^2 + v^2 - 1) \tag{36}$$

とすると，求める w, v は

$$\frac{\partial F}{\partial w} = 0, \quad \frac{\partial F}{\partial v} = 0 \tag{37}$$

を満たさなければならないので，整理すると，

$$\sigma_{xx}^2 w + \sigma_{xy} v - \lambda w = 0 \tag{38}$$

$$\sigma_{xy} w + \sigma_{yy}^2 v - \lambda v = 0 \tag{39}$$

となり，行列の形で書けば

$$\begin{pmatrix} \sigma_{xx}^2 & \sigma_{xy} \\ \sigma_{xy} & \sigma_{yy}^2 \end{pmatrix} \begin{pmatrix} w \\ v \end{pmatrix} = \lambda \begin{pmatrix} w \\ v \end{pmatrix} \tag{40}$$

と表わされる．この式が成り立つとき，λ を下記の行列 A

$$A = \begin{pmatrix} \sigma_{xx}^2 & \sigma_{xy} \\ \sigma_{xy} & \sigma_{yy}^2 \end{pmatrix} \tag{41}$$

の固有値 (eigenvalue) と言い，$\vec{z}$ をその固有ベクトル (eigenvector) と呼ぶ．また，式 (40) を立てる以上の作業を固有値分解 (eigenvalue decomposition) という．行列 A は 2×2 の分散共分散行列となっている．

今考えているのは 2 次元だから，λ は 2 通り求まる．$\vec{z}$ は $x-y$ 平面での新たな軸の方向を示している．一方，λ は式の上での固有値の他に何を意味しているのだろうか．

もう一度，式 (40) に立ち返ってみる．この式の左から $^t z = (w\ v)$ を両辺にかけると，

$$(w\ v) \begin{pmatrix} \sigma_{xx}^2 & \sigma_{xy} \\ \sigma_{xy} & \sigma_{yy}^2 \end{pmatrix} \begin{pmatrix} w \\ v \end{pmatrix} = \lambda\ (w\ v) \begin{pmatrix} w \\ v \end{pmatrix} \tag{42}$$

$$\begin{aligned} \sigma_{xx}^2 w^2 + 2\sigma_{xy}wv + \sigma_{yy}^2 v^2 &= \lambda(w^2 + v^2) \\ \phi^2(x,y) &= \lambda \end{aligned} \tag{43}$$

つまり，固有値はその固有ベクトルの向きを軸とした分散と等しい．

ここで求めているのは，散布図のばらつき具合をもっともよく説明するための λ とそれに対応する $\vec{z}$ なので，この場合絶対値の大きい方の λ_1 を第 1 主成分とすることができる．そのときの固有ベクトルを

$$\vec{z_1} = \begin{pmatrix} w \\ v \end{pmatrix} \tag{44}$$

とする．

もう一方の λ_2 は捨て去られるのではなく，第 2 主成分として，第 1 主成分と直交する方向に，第 1 主成分の次によく説明する軸を与えている．第 2 主成分の固有ベクトル $\vec{z_2}$ は $\vec{z_1}$ と直交するので，

$$\vec{z_2} = \begin{pmatrix} v \\ -w \end{pmatrix} \quad \text{あるいは} \quad \vec{z_2} = \begin{pmatrix} -v \\ w \end{pmatrix} \tag{45}$$

で与えられる.

第1主成分で説明される変動量と第2主成分で説明される変動量の和は式(43)より,

$$
\begin{aligned}
\lambda_1 + \lambda_2 &= \phi_1^2 + \phi_2^2 \\
&= \sigma_{xx}^2 w^2 + 2\sigma_{xy} wv + \sigma_{yy}^2 v^2 \\
&\quad + \sigma_{xx}^2 v^2 - 2\sigma_{xy} wv + \sigma_{yy}^2 w^2 \\
&= \sigma_{xx}^2 + \sigma_{yy}^2
\end{aligned}
\quad (46)
$$

となり, $x_i{}', y_i{}'$ が持つ分散の和と等しくなる. これは, 主成分を求めることが一種の1次変換であることから, 変動エネルギーにあたる分散の総和が保存されていることに相当する.

主成分解析の適用

実際に主成分解析を適用するのは, 2点ではなく, 多くの観測点における時系列データセットに対してである.

いま, 平均ゼロの偏差の時系列が時間方向に N 回あるものが, 観測点数 P 個であるデータセットを N 行 $\times P$ 列の行列 W で表わす. その成分を

$$a_{ji}, \quad ただし, j = 1, 2, 3, \ldots, N; \quad i = 1, 2, 3, \ldots, P とする. \quad (47)$$

行列で表わせば,

$$
W = \begin{pmatrix} a_{11} & \cdots & a_{1P} \\ \cdot & & \cdot \\ \cdot & & \cdot \\ \cdot & & \cdot \\ a_{N1} & \cdots & a_{NP} \end{pmatrix}
\quad (48)
$$

となっている.

このとき, $N \geq P$ とする. ただし, $N < P$ であっても主成分解析が全く適用できないわけではない. 詳細は次節で解説する.

さて, 順を追って説明していく.

1. データセット W を用意する.

2. 式 (41) と同様に分散共分散行列 (covariance matrix) V を求める.

$$V = \frac{1}{N} {}^t W W = \begin{pmatrix} \sigma_{11} & \cdots & \sigma_{1P} \\ \cdot & & \\ \cdot & & \cdot \\ \cdot & & \cdot \\ \sigma_{P1} & \cdots & \sigma_{PP} \end{pmatrix} \qquad (49)$$

3. V を固有値分解して,

$$V\vec{z} = \lambda \vec{z} \qquad (50)$$

を満たす λ_i とそれに対応する $\vec{z_i}$ を求める. 添え字の i は第何主成分であるかを表わし,

$$\vec{z_i} = \begin{pmatrix} x_{1i} \\ x_{2i} \\ \cdot \\ \cdot \\ x_{Pi} \end{pmatrix} \quad \text{ただし}, i = 1, 2, 3, \ldots, P \text{ とする}. \qquad (51)$$

固有ベクトルを実空間に空間構造として表わした場合に, 低次の主成分は特徴的な構造を示すので, 固有ベクトルをもって偏差場の中で頻繁に出現する空間パターンを示すことができる.

　格子点が多い場合の固有値分解は LAPACK[5] と呼ばれる数値計算パッケージなどを用いると比較的簡便かつ高速に計算を行なうことができる. プログラムをうまく作成できない人は, Internet を通じて対話的に主成分解析を行なえるサイトも登場している[6].

---

[5] LAPACK は http://www.netlib.org/lapack/(2008 年 5 月確認) から取得できる.
[6] 例えば http://aoki2.si.gunma-u.ac.jp/BlackBox/BlackBox.html (2008 年 5 月確認)

4. λ_i を大きい順から並び替え,それに合わせて $\vec{z}_i$ も並び替える.

5. 総分散 (式 (49) の行列の対角成分の総和,あるいは $\sum_{i=1}^{P} \lambda_i$ に等しい) に対する λ_1 の割合を求める.これを第 1 主成分の寄与率 (percentage of explained variance) という.

6. $\vec{z}_i$ を W に投影し,時間方向の係数 (time coefficient) $\vec{T}_1$ を求める.

$$\vec{T}_1 = \begin{pmatrix} t_{11} \\ t_{21} \\ . \\ . \\ t_{N1} \end{pmatrix} = W\vec{z}_1 \quad (52)$$

この係数 (スコア) は $\vec{z}_1$ で表わされる空間パターンと刻々のスナップショットの空間パターンがどれだけ似ているかを数値的に示している.その数値を時間方向に並べることによって,$\vec{z}_1$ で表わされる空間パターンの時間的変動特性が示される.

7. 解析に必要な主成分の数だけ,5., 6. を繰り返す.

最終的には,もとの時系列データは

$$\tilde{W} = \sum_{k=1}^{P} \vec{T}_k \, {}^t\vec{z}_k = \sum_{k=1}^{P} t_{jk} x_{ik} \quad (53)$$

と変数分離された形で表わされたことになる.これらの主成分は互いに時間的にも空間的にも無相関である.

注意点

一般に,分散共分散は式 (49) のように時間方向について計算する.はじめに記したような $N \geq P$ の条件を満たす場合,P 個の固有値と固有ベクトルが求まる.しかし,気候データの場合,この条件を一般的に満たすとは限らず,時系列データのサンプル数が少ないこともよくある.この場合は,固有値と固有ベク

トルは N だけ定まることになる．これは，一見，情報がないところから無理に情報を引き出しているようにも思えるけれども，そういうことではない．端的に言えば，$N \times P$ あるいは $P \times N$ 行列の中から小さい方の次数まで直交分解を行なっている．つまり，$N \geq P$ ならば第 P 主成分までの成分が求められるのに対し，$N < P$ ならば第 N 主成分までの成分が求まるのである．

一般に，主成分解析の結果は第 1 主成分から数個の低次成分だけ取り扱うので，時間方向のデータ数 N が少ないことが問題になることはあまりない．むしろ，格子点の数である P が大きいことにより，分散共分散行列の固有値分解の計算が膨大になりすぎることがある．このような場合，空間方向の分散共分散行列を用いた主成分解析を適用することにより，計算量を軽減する (つまり，小さい行列を固有値分解する) ことができる．ここでは，空間方向と時間方向の分散共分散は下記に表わすように，まったく別々のものではなく，ある関係式が成り立つので，その関連性を利用する．

さて，具体的にまず共分散の関係から見てみよう．

式 (49) の通り時間方向の分散共分散行列を V とする．それに対し，空間方向の分散共分散行列 L を以下のように定義する．

$$L = \frac{1}{N} W^t W \tag{54}$$

この L を固有値分解することを考える．

以下のように固有ベクトルの総体を X (x_{ij} は第 j 主成分の格子点 i における負荷)，固有値を対角成分に並べた行列を Λ とすると，

$$X = \begin{pmatrix} x_{11} & \ldots & x_{1P} \\ x_{21} & \ldots & x_{2P} \\ . & \ldots & . \\ . & \ldots & . \\ x_{P1} & \ldots & x_{PP} \end{pmatrix} \tag{55}$$

$$\Lambda = \begin{pmatrix} \lambda_1 & 0 & . & . & 0 \\ 0 & \lambda_2 & . & . & 0 \\ . & . & . & . & 0 \\ . & . & . & . & . \\ 0 & . & . & . & \lambda_P \end{pmatrix} \tag{56}$$

V の固有値問題である式 (50) は次のように書くことができる．

$$VX = X\Lambda \tag{57}$$

この式の両辺に左から W をかけると

$$\begin{aligned} WVX &= WX\Lambda \\ \frac{1}{N}W^tWWX &= WX\Lambda \\ LWX &= WX\Lambda \end{aligned} \tag{58}$$

となる．いま，

$$B = WX \tag{59}$$

とすると，式 (58) は

$$LB = B\Lambda \tag{60}$$

と書ける．この式は L の固有値問題であり，その固有値は Λ，固有ベクトルは B で表わされる．X と B の関係は

$$\begin{aligned} LB &= B\Lambda \\ W^tWB &= NB\Lambda \\ {}^tBW^tWB &= N{}^tBB\Lambda \\ {}^t({}^tWB){}^tWB &= NE\Lambda = N{}^tXX\Lambda \\ \text{よって} X &= (N\Lambda)^{-\frac{1}{2}}\,{}^tWB \end{aligned} \tag{61}$$

となり，空間方向の分散共分散行列 L の固有ベクトル B から，求めたい固有ベクトル X が求められる．

具体的な例

北大西洋における海面水温の冬季平均偏差場 (sea surface temperature anomalies in the Atlantic) を 1901 年から 2000 年まで用意し，それに対して主成分解析を施した．このデータは以下の Web Site から入手することができる．

http://badc.nerc.ac.uk/data/gisst/(2008 年 5 月確認)

図 15 に第 1 主成分の解析結果を示す．地図上に描かれた等値線図が 2 つ，時系列が 2 つある．これは，同じデータセットに対して時間方向と空間方向の分散共分散行列を作成して，それぞれに対して固有値分解を行なったためである．なぜ，空間方向の共分散を求めるかは前項で説明してあるので，再度参照してほしい．なお，プログラム 4, 5 が，分散共分散行列を LAPACK にかけて固有値分解を行なうサンプルプログラムである．簡単のために，ここでは格子点数は 1,000 点，時間方向のサンプリングは 100(100 年分) としてある．

図 15 を見ての通り，両者の結果は全く一致している．現在はパソコンであっても計算能力が発達しているので，1,000 行 ×1,000 列の固有値分解計算もわずか数分で行なえる．しかしながら，実用的にはやはり 100 行 ×100 列の計算が圧倒的に速く，多くの処理が可能となる．

主成分解析の計算結果をそのまま用いると，空間方向には無次元化された固有ベクトル，時間方向には次元をもつ時係数 (time coefficient) を図化することになる．ここでは，時間方向を無次元化し，空間方向に次元を与えている．具体的には，時係数をその標準偏差で割り規格化 (normalization) する．空間方向にはその規格化された時系列に対する回帰係数分布を描いている．これは，固有ベクトルに固有値の平方根をかけて，時係数を固有値の平方根で割ったものと等しい．

プログラム 4: 主成分解析のサンプルプログラム (サブルーチン) covar1.f (時間方向への分散共分散行列を用いる方法).

```
      subroutine covar1(asst,a)
      parameter(ipn=1000,idn=100)
      dimension asst(idn,ipn)
      dimension a(ipn,ipn)
      double precision a,asst,x0,y0,vxy
      do 10 i=1,ipn
        do 10 j=1,ipn
          vxy=0.0d0
          do 20 k=1,idn
            x0=asst(k,i)
            y0=asst(k,j)
            vxy=vxy+x0*y0
 20       continue
          a(i,j)=(vxy)/dble(idn)
 10   continue
      return
      end
c////////////////////////////////////////////////////
      subroutine eigen(asst,a)
      parameter(ipn=1000,idn=100)
      parameter(lwork=ipn*ipn)
      parameter(mode=5)
      double precision a,eval,work,asst,vxy,sum,s,v
      dimension a(ipn,ipn),eval(ipn),work(lwork)
      dimension asst(idn,ipn)
      dimension s(idn,mode)
c---------------------------------LAPACKによる固有値展開
      n   =ipn
      lda1=ipn
      call dsyev('v','u',n,a,lda1,eval,work,lwork,info)
      write(6,*)info
c---------------------第1から第5主成分までの寄与率を表示
      sum=0.0
      do 10 i=ipn,1,-1
        sum=sum+eval(i)
 10   continue
      write(6,'(5f8.5)')(eval(i)/sum,i=ipn,ipn-4,-1)
c-第1から第5主成分までの固有ベクトルはa(i,j)そのものなので
c-計算する必要はない
c---------------------第1から第5主成分までの時係数を算定
      do 20 k=1,idn
        do 20 i=ipn,ipn-4,-1
          vxy=0.0d0
          do 21 j=1,ipn
            vxy=vxy+asst(k,j)*a(j,i)
 21       continue
          s(k,ipn-i+1)=vxy
 21   continue
```

```
 20     continue
        return
        end
```


プログラム 5: 主成分解析のサンプルプログラム (サブルーチン) covar2.f (空間方向への分散共分散行列を用いる方法).

```
        subroutine covar2(asst,a)
        parameter(ipn=1000,idn=100)
        dimension asst(idn,ipn)
        dimension a(idn,idn)
        double precision a,asst,x0,y0,vxy
        do 10 i=1,idn
          do 10 j=1,idn
            vxy=0.0d0
            do 20 k=1,ipn
              x0=asst(i,k)
              y0=asst(j,k)
              vxy=vxy+x0*y0
 20         continue
            a(i,j)=(vxy)/dble(idn)
 10     continue
        return
        end
c//////////////////////////////////////////////////////
        subroutine eigen(asst,a)
        parameter(ipn=1000,idn=100)
        parameter(lwork=idn*idn)
        parameter(mode=5)
        double precision a,d,eval,work,asst,vxy,sum,s,v
        dimension a(idn,idn),d(ipn,idn),eval(idn),work(lwork)
        dimension asst(idn,ipn)
        dimension s(idn,mode)
c-------------------------------LAPACKによる固有値展開
        n   =idn
        lda1=idn
        call dsyev('v','u',n,a,lda1,eval,work,lwork,info)
        write(6,*)info
c--------------------第1から第5主成分までの寄与率の表示
        sum=0.0
        do 10 i=idn,1,-1
          sum=sum+eval(i)
 10     continue
        write(6,'(5f8.5)')(eval(i)/sum,i=idn,idn-4,-1)
c-------------第1から第5主成分までの固有ベクトルの算定
        do 20 i=idn,idn-4,-1
          do 20 j=1,ipn
            vxy=0.0d0
            do 21 k=1,idn
              vxy=vxy+asst(k,j)*a(k,i)
```

```
 21         continue
            d(j,i)=vxy/dsqrt(eval(i)*dble(idn))
 20      continue
c--------------------第1から第5主成分までの時係数の算定
         do 30 k=1,idn
          do 30 i=idn,idn-4,-1
            vxy=0.0d0
             do 31 j=1,ipn
               vxy=vxy+asst(k,j)*d(j,i)
 31         continue
            s(k,idn-i+1)=vxy
 30      continue
         return
         end
```

このような次元の入れ替えを行なうことにより,主成分解析の対象範囲となった空間分布を超えて,あるいは別の気候変数に対して回帰係数分布図を描くことが可能となる.ただし,あくまでも主成分解析を施した範囲の中で卓越する時係数に対する回帰係数であることに注意する必要がある.

主成分解析の結果の検定方法は一般に定まっていない.元のデータセット W において時間方向をランダムに入れ替え,個々の観測点では同じ分散をもつ疑似データセットを多数作成する.このような疑似データセットに対する主成分解析の固有値と固有ベクトル(空間パターン)はたまたま偶然に出てきたに過ぎない.これらの疑似データセットに対する結果と比べ,どの程度固有値が大きく,空間パターンが組織だっているかを検討することにより,統計的有意性を議論することができる.

また,主成分解析は定在パターンを抽出するようになっており,空間的に伝播していくパターンはうまく抽出されない.対象とするデータセットにおいて空間的に伝播する波のシグナルが大きな変動量を持つ場合,主成分解析は2つの主成分である格子点を通る波の峰と波の節を表わそうとする.このため,同程度の寄与率を持つ主成分が低次(例えば,第1主成分と第2主成分)に示された場合は,それぞれを独立したパターンとするのではなく波の構造が2つの主成分に示されていることに注意する必要がある.

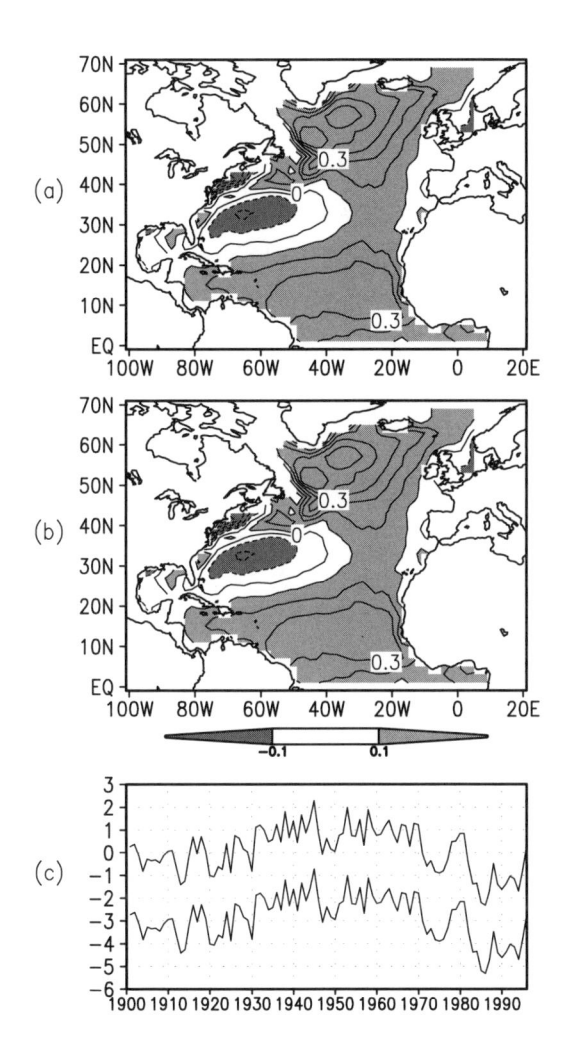

図 15: (a) 北大西洋における冬期海面水温偏差場に対する主成分解析の結果.
第 1 主成分の寄与率は 28.1 %. 等値線の間隔は 0.1°C ごとに引かれている. 時間
方向の分散共分散からの算定. (b) 上と同じ, ただし, 空間方向の分散共分散から
求めたもの. (c) 第 1 主成分における時係数. 上 (下) 側のカーブは時間 (空間) 方
向の分散共分散から求めたものに対応する. どちらの場合でも計算結果は一致し
ている.

3.2 特異値分解解析

主成分解析はある 1 つの場において最も卓越する変動の時空間構造を見いだすために用いる. これに対し, 特異値分解解析 (singular value decomposition analysis) は, ある 2 つの場において最も相関関係が高い時空間構造を, それぞれの場において見いだすために用いられる.

このような 2 つの場に相関関係を見いだす手法としては, 特異値分解解析の他に主成分解析から派生した「結合 EOF 解析 (combined EOF analysis)」というものがある. ここではまず, 結合 EOF 解析を説明する.

式 (47) のように, 1 つの場を S として時間方向に N 個, 空間方向に P 個のデータがある場合を考える. さらにもう 1 つの場を Z として, 時間方向には同じく N 個, 空間方向には Q 個のデータがある場合を想定する.

結合 EOF 解析の場合, 固有値分解される時間方向の分散共分散行列 V は $(P+Q) \times (P+Q)$ の大きさを持ち, それは以下のような構造をしている.

$$V = \begin{pmatrix} \sigma_{11} & \cdots & \sigma_{1\ P} & \sigma_{1\ P+1} & \cdots & \sigma_{1\ P+Q} \\ \cdot & & & & & \\ \sigma_{P\ 1} & & \sigma_{P\ P} & & & \\ \sigma_{P+1\ 1} & & & \sigma_{P+1\ P+1} & \cdots & \\ \cdot & & & & & \\ \sigma_{P+Q\ 1} & \cdots & & & \cdots & \sigma_{P+Q\ P+Q} \end{pmatrix} \quad (62)$$

この行列 V の第 1 列から第 P 列までの左上部分の正方行列は S のみに対する分散共分散行列に相当する. 同様に第 $P+1$ 列から第 $P+Q$ 列までの右下部分の正方行列は Z に対する分散共分散行列にあたる.

それ以外の右上と左下の部分は S と Z の共分散の成分であって, 転置の関係になっている. この部分は正方行列ではなく, $P \times Q$ あるいは $Q \times P$ の大きさになっている. 結合 EOF 解析はあくまでも, 式 (62) を固有値分解するのに対し, 特異値分解解析はこの右上 (あるいは左下) の 2 つの場の相関関係 (共分散) のみを分解する解析手法と言える.

結合 EOF 解析の場合は S と Z の共分散を含んだ行列に対して固有値分解を

行なうので，S と Z の相互関係の統計量のみを扱うことができなかった．例えば，S と Z において卓越する変動がありながらも，両者に相互関係が全くないという極端な場合でも，結合 EOF 解析の第 1 主成分には相互関係がないながらも卓越する成分が見いだされてしまう可能性がある．

　これに対し，特異値分解解析では相互関係のみに着目している点が優れている．ただし，第 1 特異成分が S や Z の場において最も卓越しているかどうかの判断は特異値分解解析のみではわからないことに注意する必要がある．

　特異値分解解析の手順は主成分解析の場合とほぼ同じであり，主成分解析の固有ベクトルのように S の場に対する特異ベクトル l と Z の場に対する特異ベクトル r が求められる．それぞれの特異ベクトルは空間構造を表わすので，これも主成分解析と同じで式 (52) のように，l を S の場に時間方向へ投影すれば l に対する時係数が求められる．同様に r を Z の場に投影すれば r に対する時係数が求められる．

　特異ベクトルの二乗和は 1 であるので，求められる 2 つの時係数の分散は，その特異ベクトルによって示される分散を表わしている．元の 2 つのデータセットの総分散に対するそれぞれの時係数の分散の比は，その特異成分が担う割合 (この場合，寄与率とはあまり言わない) を示す．

　l に対する時係数と r に対する時係数の相関係数が有意な値を示すかどうかは，見いだされた特異成分の相関関係が有意であるかの良い指標となる．

具体的な例

　主成分解析と同様に大西洋の冬季海面水温偏差場に対して特異値分解解析を施した．1 つの場は北半球側，もう 1 つの場として南半球側の水温偏差を使用した．これにより，北半球側と南半球側で相関関係が高い時空間構造を見いだした．水温偏差には約 5 年のローパスフィルタをかけて，これより長周期の変動にのみ着目した場合の第 1 特異成分の結果を図 16 に示す．

　特異値分解解析では 5 年のローパスフィルタをかけた時系列に対して，主成分解析では全ての年々変動を含んだ時系列に対して行なったという違いはあるものの，どちらの場合でも北大西洋では極大・極小となる活動中心域が緯度方向に 3 つ並ぶ構造が現れている．同時に南半球側にも組織だった空間構造をも

つ成分が見いだされている．2つの時系列はほぼ同位相で変動しており，南北2つの空間構造が同期して変動していることが示唆される．なお，プログラム6が，特異値分解解析のサンプルプログラムである．

　特異値分解解析の結果の検定方法も一般に定まっていない．元の2つのデータセットの片方を，時間方向をランダムに入れ替え，個々の観測点では同じ分散をもつ疑似データセットを多数作成する．このような疑似データセットに対する相関係数行列に対する特異値分解解析の結果はたまたま偶然に出てきたに過ぎない．これらの疑似データセットに対する結果と比べ，どの程度特異値が大きく，示される空間パターンがどれだけ組織だっているかを検討することにより，2つのデータセットの間の相関関係の統計的有意性を議論することができる．

プログラム6: 特異値分解解析のサンプルプログラム (サブルーチン) covar3.f.

```
      subroutine covar3(asst,a)
      parameter(ipn=1500,idn=100)
      parameter(ipn1=1000,ipn2=ipn-ipn1)
      dimension asst(idn,ipn)
      dimension a(ipn1,ipn2)
      double precision a,asst,x0,y0,vxx,vyy,vxy
      do 10 i=1,ipn1
         do 10 j=1,ipn2
            vxx=0.0d00
            vyy=0.0d00
            vxy=0.0d00
            do 20 k=1,idn
               x0=asst(k,i)
               y0=asst(k,j+ipn1)
               vxx=vxx+x0*x0
               vyy=vyy+y0*y0
               vxy=vxy+x0*y0
 20         continue
            a(i,j)=(vxy)/dble(sqrt(real(vxx*vyy)))
 10   continue
      return
      end
c///////////////////////////////////////////////////////
      subroutine svd(asst,a)
      parameter(ipn=1500,idn=100)
      parameter(ipn1=1000,ipn2=ipn-ipn1)
      parameter(lwork=ipn*ipn)
      parameter(mode=5)
```

```
      double precision asst
      double precision a,s,u,v,work
      dimension a(ipn1,ipn2),s(ipn2),u(ipn1,ipn2),v(ipn2,ipn2)
      dimension work(lwork)
      dimension asst(idn,ipn)
      dimension su(idn,mode),sv(idn,mode)
c----------------------------------LAPACKによる特異値分解
      m   =ipn1
      n   =ipn2
      lda =ipn1
      ldu =ipn1
      lvdt=ipn2
      call dgesvd
     &     ('S','S',m,n,a,lda,s,u,ldu,v,lvdt,work,lwork,info)
      write(6,*)info
c-------------------第1から第5特異成分までの特異値の割合の表示
      sum=0.0
      do 10 i=1,ipn2
         sum=sum+s(i)
 10   continue
      write(6,'(5f8.5)')(s(i)/sum,i=1,5)
c-------------------第1から第5特異成分までの時係数の算定
      do 20 k=1,idn
c-------------------u特異ベクトルに対する時係数
       do 21 i=1,5
        vxy=0.0
        do 22 j=1,ipn1
           vxy=vxy+asst(k,j)*u(j,i)
 22     continue
        su(k,i)=vxy
 21    continue
c-------------------v特異ベクトルに対する時係数
       do 25 i=1,5
        vxy=0.0
        do 26 j=1,ipn2
           vxy=vxy+asst(k,j+ipn1)*v(i,j)
 26     continue
        sv(k,i)=vxy
 25    continue
 20   continue
      return
      end
```

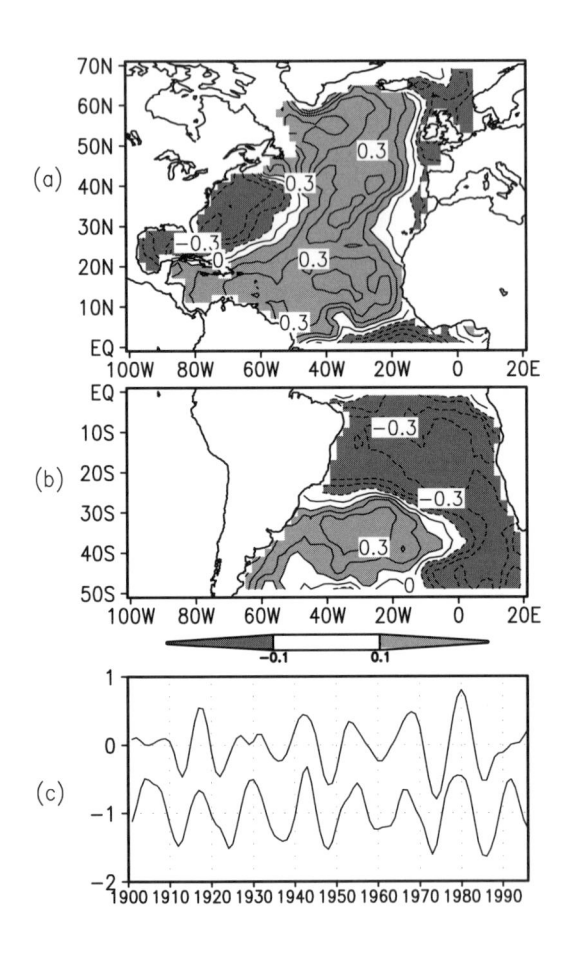

図 16: 大西洋における冬期海面水温偏差場に対する特異値分解解析の結果.

(c) に表示された時系列は北大西洋の第 1 特異ベクトルに対する時係数 (上) と南大西洋の第 1 特異ベクトルに対する時係数 (下) を示す. (a) は北大西洋の第 1 特異ベクトルの時係数に対する回帰係数の分布図. (b) は南大西洋の第 1 特異ベクトルの時係数に対する回帰係数の分布図. 等値線は 0.1°C ごとに引かれている.

3.3 クラスター解析

クラスター解析 (cluster analysis) とは，性質がよく似た個体 (member) を集めてクラスターを作成して個体群を分類していく方法論と言える．気候データにこの方法論を当てはめれば，個体とは各格子点における時系列を指す．これらをクラスター化 (clustering) するということは，似た時系列を持つ格子点の組み合わせを探すことに相当する．

多数ある時系列のどれとどれが似ているかを判断する統計的な規準としては，様々な統計量が考えられる．相関係数はその代表例と言ってよい．しかしながら，一般的にクラスター解析では，個体間の距離 (distance of members) の近さが規準統計量として用いられる．ここでは距離と言っても，2次元あるいは3次元空間において実感できる距離を意味しているわけではない．

データ数が時間方向に N 個あれば，N 次元空間における距離を求め，その距離が短いほど似た個体と判定する．格子点数が P 個として，I 番目の個体 (時系列) と J 番目の個体 (時系列) をそれぞれ，

$$x_i = (x_{i1}, \ x_{i2}, \ , \ , \ x_{iN})$$
$$x_j = (x_{j1}, \ x_{j2}, \ , \ , \ x_{jN}) \tag{63}$$

とする．すると，単純な平方ユークリッド距離 (squared distance) は d_{ij}^2

$$d_{ij}^2 = \sum_{k=1}^{N}(x_{ik} - x_{jk})^2 \tag{64}$$

と表わせる．気候データの場合，空間的に変動の大きさ (分散) が異なるのでそれぞれの個体を規格化することが多い．これは重み付きの距離を求めていることに等しい．

一番はじめのクラスター化は平方ユークリッド距離が最も短いものを選択すればよい．しかし，次のステップとなる，複数の個体からなるクラスターどうしをクラスター化する際は，必ずしも距離が近いものを選択すればいいわけではないことが経験的に知られている．

この問題に関してはいくつかの方法が開発されていて，その中で Ward 法 (Ward method) は一般に解釈可能な結果を導きやすいとされている．また気候学の問題に関してよく使われている．この方法によれば，N_h 個からなる h クラ

スターと N_k 個からなる k クラスターがクラスター化された時, 新たな J クラスター (N_h+N_k 個からなる) とその他の I クラスター (N_i 個からなる) との距離は

$$d_{ij}^2 = \frac{(N_i+N_h)d_{ih}^2 + (N_i+N_k)d_{ik}^2 - N_i d_{hk}^2}{N_i+N_h+N_k} \tag{65}$$

と表わされる. 次のクラスター化の際には, この d_{ij}^2 を含めたすべてのクラスター間距離の中から最も小さい組み合わせを選び出し, 再び式 (65) を用いて新たにクラスター間距離を求めること (re–calculation of distance) を繰り返して行なっていく.

プログラム 7 は, Ward 法でクラスター分析を行なうサンプルプログラムである. そこでは, 次のようなアルゴリズムで解析が進められている.

1. 格子点数は P, よって個体数は P 個となる.
2. すべての格子点間の距離を求める ($_PP_2$ 通り).
3. 最小の組み合わせを探す.
4. 最小の組み合わせにより生まれた新たな個体と他の個体との距離を式 (65) により再計算する.
5. 個体数が 1 つ減り, 個体数は $P-1$ 個となる. よって, 組み合わせは $_{P-1}P_2$ 通りになる.
6. 3.～5. を繰り返す.

以上のようにクラスター化を繰り返すと, 最終的にはクラスターはひとつになってしまう. そのため, どこかの時点でクラスター化を止めなければならない.

ひとつには, 予め最終的なクラスターを決めてしまう方法がある. この場合, 予め決める最終的なクラスター数 (the best number of clusters) に何らかの意味を主観的に持たせることが必要となる.

それとは別に, 何かしきい値を用いて, それを超えたときにクラスター化を止めるという方法もある. ひとつはクラスター化を行なった際の距離の履歴を参考にする方法である. クラスター化が進むほどクラスター間の距離は増大していく. クラスター化が進む過程で増加率が極端に増えたとき, そのクラス

ター化は「かなり無理に」クラスター化したことを示唆するのでその1ステップ前でクラスター化を止めるというものである．あるいは簡潔に，クラスター内の相互相関係数が0.5を下回った時，1ステップ前でクラスター化を止めるとしてもよいだろう．これらの場合では，しきい値に対する統計的な意味が明らかであっても，相関係数や増加率のしきい値をどの程度にするかは予め決めなくてはならず，どちらにせよ主観的に決めざるを得ない要素がある．

プログラム7: クラスター解析のサンプルプログラム (サブルーチン) clus.f.

```
      subroutine clus(data)
      parameter(ipn=1000,idn=100))
      parameter(imax=(ipn-1)*ipn*0.5)
      double precision  data(idn,ipn)
      real              dbc(imax)
      integer           nec(ipn),ncg(ipn),nc(ipn)
c---------------------------------各格子点の個体情報の初期化
      do 10 i=1,ipn
         nec(i)=1
         ncg(i)=i
 10   continue
c---------------------------------各格子の時系列データの規格化
      do 20 i=1,ipn
         xm=0.0
         do 21 k=1,idn
 21       xm=xm+data(k,i)
         xm=xm/float(idn)
         sx=0.0
         do 22 k=1,idn
 22       sx=sx+(data(k,i)-xm)*(data(k,i)-xm)
         sx=sqrt(sx/float(idn-1))
         if(sx.gt.0.000001)then
          do 23 k=1,idn
 23        data(k,i)=(data(k,i)-xm)/sx
         else
          do 24 k=1,idn
 24        data(k,i)=0.0
         endif
 20   continue
c--------------------------各格子間の平方ユークリッド距離の計算
      do 30 i=1,ipn-1
      do 30 j=i+1,ipn
         d=0.0
         do 31 k=1,idn
            d0=(data(k,i)-data(k,j))
            d=d+d0*d0
 31      continue
         l=ipn*(i-1)-(i*(i-1))/2+j-i
         dbc(l)=d
 30   continue
      write(6,*)'クラスタリング'
c---------------クラスタリング:最終的に5個まで融合する場合
      do 777 istep=1,ipn-5
```

```
              write(6,*)istep
c-----------------------距離の最小値を求めて行くときの初期値
            do 50 i=1,ipn-1
              do 50 j=i+1,ipn
                if((nec(i).gt.0).and.(nec(j).gt.0))then
                  l=ipn*(i-1)-(i*(i-1))/2+j-i
                  dmin=dbc(l)
                  goto 49
                endif
 50         continue
 49         continue
c--------------------------------距離の最小値の算定
            do 60 i=1,ipn-1
              if(nec(i).le.0)goto 60
              do 61 j=i+1,ipn
                if(nec(j).le.0)goto 61
                l=ipn*(i-1)-(i*(i-1))/2+j-i
                if(dmin.lt.dbc(l))goto 61
                imin=i
                jmin=j
                dmin=dbc(l)
 61           continue
 60         continue
c--------------------------------- I＞Jとする
            if(imin.gt.jmin)then
              i0  =imin
              imin=jmin
              jmin=i0
            endif
c-----------------新たに融合された個体との距離の再計算
            xnf=nec(imin)
            xng=nec(jmin)
            xnh=xnf+xng
            dfg=dmin
            do 70 i=1,ipn-1
              if((i.eq.imin).or.(i.eq.jmin))goto 70
              if(i.lt.imin)then
                l1=ipn*(i-1)-((i-1)*i)/2+imin-i
              else
                l1=ipn*(imin-1)-((imin-1)*imin)/2+i-imin
              endif
              if(i.lt.jmin)then
                l2=ipn*(i-1)-((i-1)*i)/2+jmin-i
              else
                l2=ipn*(jmin-1)-((jmin-1)*jmin)/2+i-jmin
              endif
              dfl=dbc(l1)
              dgl=dbc(l2)
              if(isw.eq.2)then
                xnl=nec(i)
                dhl=
     &           ((xnf+xnl)*dfl+(xng+xnl)*dgl-xnl*dfg)/(xnh+xnl)
              endif
              dbc(l1)=dhl
 70         continue
c--------------------------融合された個体の情報の更新
            nec(imin)=nec(imin)+nec(jmin)
            ncg0=ncg(jmin)
            do 80 ic=1,ipn
```

```
            if(ncg(ic).eq.ncg0)then
                ncg(ic)=ncg(imin)
            endif
 80     continue
        nec(jmin)=0
777  continue
     return
     end
```

具体的な例

3.1節と同様に, 北大西洋における冬季海面水温偏差場に対してクラスター解析を施した. 図17は, クラスター化を残り5個の時点で終えたときの状態を示している. 主成分解析の結果同様 (図15), 図17にも特徴的な空間分布が見られる. また, クラスター解析によって示されるいわば海域分けの結果と, 主成分解析によって示される同符号の領域はほぼ一致していることがわかる (図15).

このように, 異なる手法を用い, それぞれの結果に共通した時空間的特性が互いに認められる場合には, 結果に対する統計的な信頼性は高められていると言ってよい.

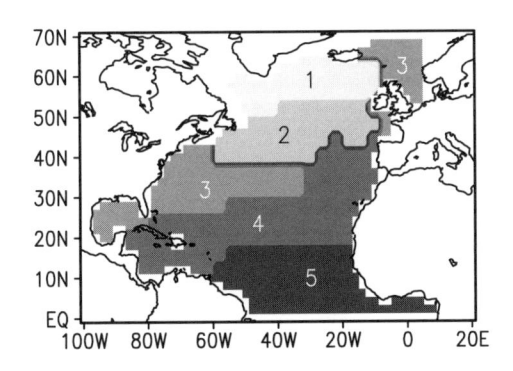

図 17: 北大西洋における冬期海面水温偏差場に対するクラスター解析の結果. 用いたデータは図15と同じ. 最終的に5つのクラスターまで融合した結果を表示して, 海域を分類している.

第3章のまとめ

　第3章では，空間 (2次元) データの解析方法として，主成分解析，特異値分解解析，クラスター解析について述べた．この章のまとめは以下の通りである．

- 相関関係の集まりを数学的な行列とみなし，その集まりの中で最も卓越している相関関係を抽出するのが主成分解析である．卓越する相関関係を定量的に表わすのが寄与率であり，これは，各主成分の固有値を総分散で割ったものに等しい．

- ある2つの場において，最も相関関係が高い時空間構造を，それぞれの場において見いだすのが特異値分解解析である．特異値分解解析は，2変数の相互関係のみに着目するという意味で，結合EOF解析と異なる．

- クラスター解析とは，性質がよく似た個体を集めてクラスターを作成し個体群を分類していく方法であり，本章ではそのうちのWard法について紹介した．なお，どこでクラスター化をやめるかについては，主観的な判断が入る場合が多い．

付録　研究環境の構築

付録では，これまでに述べてきた「気候データ解析」を実践するために必要な，研究環境の構築について具体的に述べる．

A1　お勧めはノートパソコン

ノートパソコンの長所

気候データの解析を実際に行なうとなると，言うまでもなくコンピュータが必要になる．その昔，筆者たちが学部生・大学院生だった頃 (1990年前後) は，大型計算機センターに通って計算をしたものである．しかしながら，この10年来のコンピュータの進歩とダウンサイジングは目覚しく，計算機環境も大型計算機からワークステーション，さらにパーソナルコンピュータ (パソコン) へと変化しつつある．大気大循環モデルを回すような大がかりな計算を行なうのでなければ，気候データの解析はパソコンでも十分に出来る．

パソコンには，デスクトップとラップトップ (ノートパソコン) があるが，お勧めは絶対に後者である．ブラジルでの2年間の研究生活 (1998年11月～2000年10月) で，筆者はこう考えるようになった．筆者のブラジル生活の後半は，息子が生まれたり父親が亡くなったりで，ブラジルと日本を行ったり来たりする毎日であった (松山, 2001)．このような日伯往復生活中にも，古今書院の月刊「地理」の連載の〆切は容赦なくやってくるので，ノートパソコンを抱えて飛行機に飛び乗っては，日本でもブラジルでも原稿を書く毎日であった．ブラジルに出かける時，ノートパソコンをネットワークにつながなくても，最低限，原稿を紙とフロッピーディスクに出力できるように設定しておいたので，こういうことができたのである．当然のことながら，ブラジルと日本には全く同じプリンタ (Canon BJC–80v) が置いてあった．

このように，ノートパソコンのメリットは世界中どこにいても全く同じ環境で仕事ができることである．筆者はこれまでに，卒業した学部とは違う大学院に進学したり，それまでとは別の機関に就職して研究環境ががらっと変わった時に，今まで出来ていたことが簡単に出来なくなって苦労している人を何人も見てきた．ノートパソコンに自分用の環境を設定しておけば，このような問題

は生じない．ちなみにこの原稿は，2001年8月に調査でやって来たブラジルで書いている．荷物をなるべく減らしたい海外調査において，小型 (21.0 cm×11.5 cm×2.5 cm)・軽量 (850 g) の「Toshiba Libretto 60」は大変ありがたく，重宝している．

ノートパソコンの短所

　一方，ノートパソコンにもデメリットはある．上の記述と矛盾するようであるが，なんだかんだ言ってパソコンはかさばるし重い．筆者は，日本ではPanasonic CF–M2 (Let's Note, 27.0 cm×21.5 cm×3.5 cm, 1,850 g) で仕事をしているが，ノートパソコンを毎日かばんに入れて家と大学を往復するのはやっぱりしんどい．楽をするためには自宅と大学に全く同じ計算機環境を作り，フロッピーディスクや光磁気ディスクなどでデータを移動させるのがよいが，気をつけないとどれがオリジナルだか分からなくなる恐れがある．この原稿も，普段使っているのとは違うコンピュータ (Libretto) で書いているので，日本に帰って原稿を Let's Note に戻す時にはよほど注意しないといけない．

　この問題を回避するためには，その日の作業後に最新のデータをWeb Site上に置くというやり方もあるが，世界中どこにいてもインターネットにつなげられるとは限らない．実際，今回ブラジルで泊まったホテルでも，一緒に調査に来た共同研究者の皆さん曰く，「2回に1回はインターネットにつなげられなかった」そうで，結局は，ノートパソコンを持ち歩くのが一番良いと筆者は考えている．

　ノートパソコンのデメリットの2つめは，最初に挙げたメリットの裏返しである．つまり，大学でも自宅でも同じ環境で仕事が出来てしまうので，公私および平日と休日の区別がつかなくなることである．一般に，外国に出かける前には，出発の準備と並行して不在中の用事も片付けていかなければならず，猛烈に忙しくなる．今回のブラジル行きの前もご多分にもれず，週末に自宅で Let's Note と格闘していたら，最近歩き始めた息子が猛烈な勢いでかけ寄って来て，ノートパソコンのディスプレイを机に叩きつけた．当然液晶ディスプレイは壊れて Let's Note は使いものにならなくなり，自分の危機管理の甘さを痛感したものである．これは「ハード的に壊れ (壊し？) やすい」というノートパソコン

の別の短所を，身をもって体験したことにもなる．幸いだったのは，Let's Note をブラジルに持って来る予定ではなかったことで，2001年9月に帰国した時には，無事このパソコンの修理が完了していることを，地球の裏側で祈っている．

ノートパソコンのデメリットの3つめは，盗難にあいやすいということである．昨今，個人情報の取り扱いが厳格化しており，手軽に持ち出せるというノートパソコンの長所は，盗難の危険と背中合わせという「諸刃の剣」になっている．このほかノートパソコンには，画面の文字やキーボードが小さく操作性がデスクトップより劣るという問題もあるが，これは慣れの部分が大きいと思う．ブラジルに来てから本格的に使い始めた小型のLibrettoであるが，早速慣れつつあり，快適に本稿を執筆している．

A2 Windowsマシンでの研究環境の構築[7]

本書の読者の皆さんの多くは，Windowsマシンを使って研究をしている，もしくはするつもりの方たちだろうと思う．中にはUNIXやLinuxを用いている方もおられるだろうが，そのような人はそれなりにコンピュータに詳しい方であろう．本節では，とりあえずWindowsマシンを使い，本書に記されている気候データ解析を実践してみたいと言う読者の皆さんのために，研究環境の構築について若干のアドバイスをさせていただくことにする．

どのようなシステムを使うにしろ，日々の仕事をしている中で重要なことは，(1) クラッシュに対して堅牢なシステムを構築すること，(2) データ及び自作プログラムのバックアップを取ること，(3) 他人が作成したプログラムを安価に動かせる環境を構築すること，ではないだろうか．本節では，以上の3点に関して説明をしていく．

(1) クラッシュに対して堅牢なシステムの構築

Windowsがプリインストールされているパソコンを買ってくると，内蔵のハードディスクがいくつかのパーティションに分けられ，それぞれCドライブ，

---

[7] この節は中山 大地さん(当時 東京都立大学大学院理学研究科，現在 首都大学東京大学院都市環境科学研究科)が執筆したものを元に，松山が自分のコンピュータで実践してみた．

Dドライブなどというドライブ名がついているだろう．これらのパーティションのうち，標準ではCドライブに相当するパーティションにWindowsのシステムやアプリケーションが入る．ハードウエアとしてのハードディスクは一台だけでも，パーティションに分かれていれば個々のパーティションは論理的に別のハードディスクとして機能する．この概念は重要で，あるパーティションがOS(Operating System)レベルでクラッシュ(システムが壊れること)しても，別のパーティションにあるデータは破壊されることはない．これを利用し，システム及びアプリケーション(つまり再インストール可能なアプリケーションなど)を入れておくパーティションと，データ及び自作プログラム，ワードプロセッサや表計算のファイルなど(つまり再インストール不可能なファイル)を入れておくパーティションを，異なるパーティションにしておく．そうすれば，万が一クラッシュしてWindowsを再インストールする羽目になっても，データを入れておくパーティションには一切影響を与えずに，システムを再インストールすることができる[8]．

多くの場合，買ってきたばかりのパソコンには，CドライブとDドライブの2個のパーティションが設定されている．Windowsでは，ワードプロセッサのファイルなどのデータを入れておくフォルダは，標準で「マイドキュメント」というフォルダになっている．このフォルダはファイル保存のダイアログボックスやデスクトップ，スタートメニューなどから開くことができるが，その実体はCドライブの中のフォルダの一つになっている．従って，このフォルダにデータを保存していた場合，システムがクラッシュしてCドライブが破壊されてしまうとデータ自体も破壊されてしまう可能性が出てくる．これを防ぐため，「マイドキュメント」の実体を，Dドライブに移すことにしよう．Dドライブはシステムの入っているCドライブとは異なるパーティションにあるため，OSレベルでのクラッシュからはデータを保護することができる．

「マイドキュメント」をDドライブに移す前に，CドライブとDドライブの大きさを確認してみよう．インストールしたいアプリケーションの量にもよる

---

[8] 2004年3月，新しく購入した松山のノートパソコンの調子が悪く，CドライブのOS(Windows XP)を再インストールする羽目になったが，大事なファイルをDドライブに入れておいたので事なきを得た．この原稿に目を通していなかったら，真っ青になるところだった．

が，Cドライブは60GBぐらいあるとよい．一方，Dドライブはできるだけ大きいほうが後々都合がよい．しかし多くの場合，標準状態ではCドライブのほうがDドライブよりも容量が大きくなっていることだろう．機種によっては，再インストール(システムリカバリ)の際に，パーティションの大きさを変えることができる．このような機種の場合，面倒でも各パーティションを上述の大きさにして，システムを再インストールしたほうがよい(Windows Vistaでは，システムを再インストールしなくても，CドライブとDドライブのパーティションの大きさを，制限つきであるが，変更することができる)．これは後になってじわりじわりと効いてくる．

　パーティションの設定がうまくいったら，CドライブとDドライブのファイルシステムを調べる．Windowsのファイルシステムには大きく分けてFATとNTFSがある．FATはWindows 95系列(98, Meも含む)のファイルシステム，NTFSはWindows NT系列(2000, XPも含む)と考えてよい(Windows XP以降では，NTFSがハードディスクドライブの標準ファイルフォーマットになっている)．Windows NT系列ではFAT, NTFSの両方を混在させて使えるが，Windows 95系列ではFATのみしか使えない．NTFSはFATに比べ，セキュリティや耐障害性の点ですぐれている．このため，NTFSが使える機種ではNTFSを使うのがよい．各ドライブのプロパティを見れば，そのパーティションがどちらのファイルシステムでフォーマットされているかわかる．Windows 2000やXPでファイルシステムがFATになっている場合は，convertコマンドを使ってFATからNTFSに変換することができる．なお，convertコマンドに関しては，ヘルプや各種の書籍を参照して下さい．

　次に，実際に「マイドキュメント」をDドライブに移動させる．デスクトップの「マイドキュメント」フォルダを右クリックして「プロパティ」を押す．そして，「ターゲット」の「移動」ボタンを押して「マイコンピュータ」のDドライブを選択する．ここで，「新しいフォルダの作成」ボタンを押して好きなフォルダ名を入力する(ここでは「home」というフォルダを作成しておく)．「OK」を押して全ての内容を移動させれば完了である．これで「マイドキュメント」フォルダはシステムとは別のパーティションに移動した．たったこれだけでもシステムの堅牢性は高くなる．大した手間でもないので，ぜひやって下

さい．

(2) データ及び自作プログラムのバックアップ方法

　データをシステムとは別のパーティションに保存できるようにしたとしても，ハード的なクラッシュをした場合や，以前のファイルにアクセスしたい場合には対応することができない．万が一のことを考え，データはこまめにバックアップすべきである．バックアップには二種類あり，一つはデータの二重化で，もう一つは長期的なバックアップである．データの二重化は現在の状態を全く別の媒体にそっくりそのままコピーするもので，外付けのハードディスクを用いると便利である．最近は USB 接続の安価な外付けハードディスクが販売されている．それを利用して D ドライブ（「マイドキュメント」）をそのままコピーする．そうすれば大学と自宅で同じデータを同じ状態で使うことができる．また，最近安価になってきた USB 接続の RAID を使う手もある．しかし，RAID はハードディスクドライブの故障に対しては堅牢であるが，コントローラーボードが壊れたら一巻のおしまいである．

　長期的なバックアップは，各種のリムーバブルメディア (CD-R, MO, 書き込み型 DVD など) を利用してデータのバックアップを取るものである．長期的なバックアップは定期的に取るべきである．バックアップを取ったメディアは時系列で管理し，一枚のメディアに異なる時点のバックアップを取らないようにする．また，消去可能なリムーバブルメディア (MO など) であっても，混乱の元になるのでバックアップしたファイルは消さないほうがよい．CD-R などは，追記ができないように一回のバックアップでメディアをクローズした方がよいだろう．要するに，メディアをけちってはならないということである．

　バックアップはフォルダ単位で取る方が混乱しなくて済む．すなわち，一つのフォルダは，バックアップに使用するメディアの最大容量 (CD-R なら 600~700 MB 程度，DVD-R なら 4~5 GB 程度) を超えない大きさにするのが好ましい．

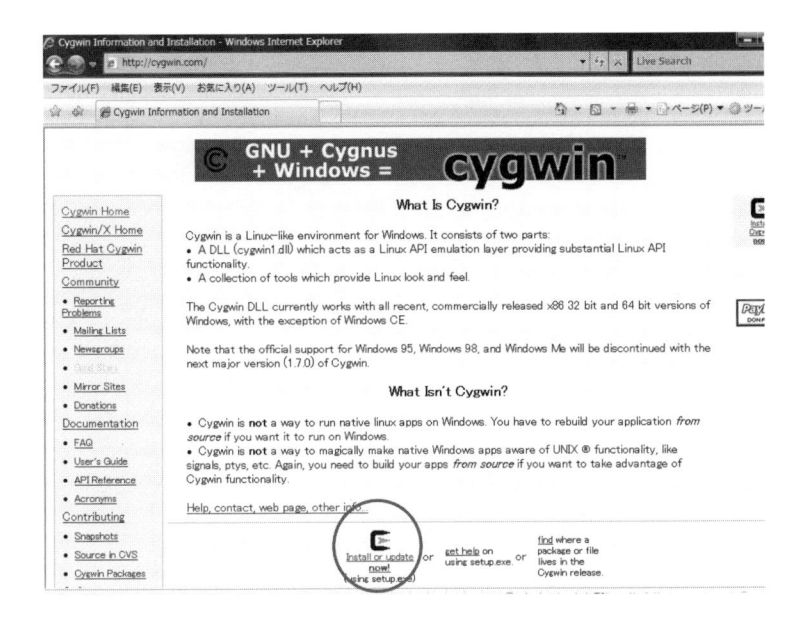

図 18: Internet Explorer で Cygwin のホームページに接続した状態.

(3) 他人が作成したプログラムを安価に動かせる環境の構築

Windows 上でのプログラミング環境について

Windows には標準のプログラム環境としてプログラミングホストという環境が付属しているが，これは単純なバッチ処理のための環境であり，一般的な計算処理には向いていない．地理学や自然科学の分野でよく用いられるプログラミング言語には C や Fortran があるが， Windows にはこれらの言語は標準では付属していない．このため，これらの言語を使うとなると，別途入手する必要がある．

C 言語に関しては，マイクロソフト社製の Visual C++ が代表的であるが，Visual Basic, Visual C++, Visual C#の 3 言語が 1 パッケージに収まった Visual Studio 2008 という製品もある (以下の URL を参照のこと).

http://www.microsoft.com/japan/msdn/vstudio/productinfo/2008/default.aspx

(2008 年 5 月確認)

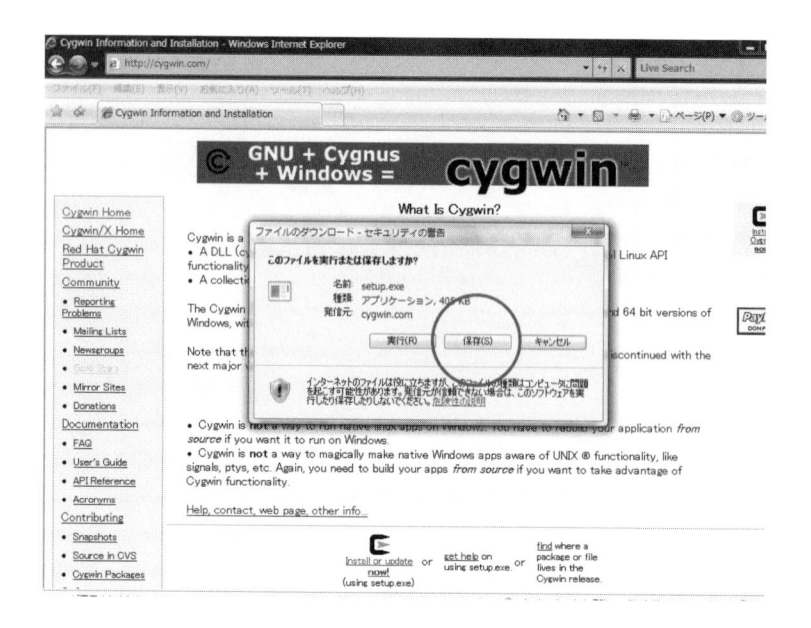

図 19: Cygwin のホームページで「setup.exe を保存する」をクリックした状態.

Fortran に関しては若干の注意が必要である. 以前はマイクロソフト社から MS-DOS 用の MS-Fortran という Fortran パッケージが発売されていたが, 現在は発売されていない. 市販の Windows 用 Fortran パッケージには, Intel 社の Intel® Visual Fortran がある.

http://www.xlsoft.com/jp/products/intel/compilers/fcw/index.html

(2008 年 5 月確認)

これらの市販の言語パッケージには教育機関向け割引 (アカデミックディスカウント) が設定されているが, それでも安価であるとは言いがたい. しかし, 市販のプログラミングパッケージには, コンパイラ, リンカの他に統合開発環境 (Integrated Development Environment:IDE) が付属しており, メニューを用いたプログラミング開発が可能になっている. さらに, リアルタイムで変数の値を監視し, ある状態になったら (ある変数が特定の値を取った時などに) プログラムの実行を中断するなどのデバッグ環境が整っており, プログラムの開発がしやすいように工夫されている. さらに, 市販のパッケージは最適化された

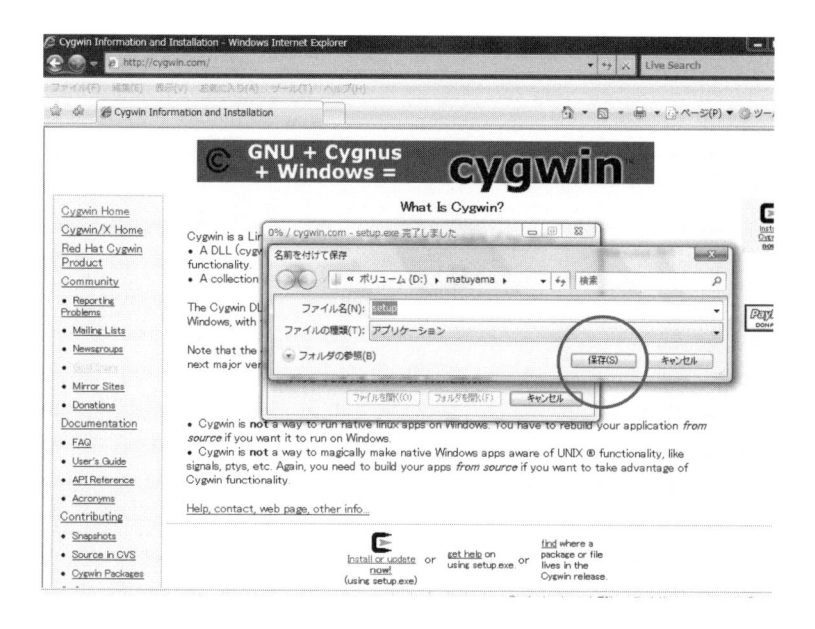

図 20: 「D:\matuyama に setup.exe を保存する」をクリックした状態.

コンパイルが可能になっており，一般的に高速な実行ファイルを作成することができる．

Cygwin とは？

本書の読者の皆さんは，他人が作成したプログラムを少し改良して動かしたいという人が大多数ではないだろうか．そのような人には，市販のプログラム開発環境にありがちな，おおげさなパッケージは必ずしも必要ではなく，最低限他人が作成したプログラムが自分のパソコンで動けばよいという人も多いだろう．そのような人には，フリー(無償)のプログラミング環境をおすすめする．フリーのプログラム開発環境には，Cygwin(シグウィン)がある．Cygwinは，UNIX や Linux 上で動く様々なツール群を開発している GNU プロジェクトのプロダクツを Windows 上で動くように移植したものである．GNU のプロダクツは GPL というライセンスポリシーによって配布されており，このポリシーを遵守した上での無償利用が可能になっている．ここで注意すべき点は，

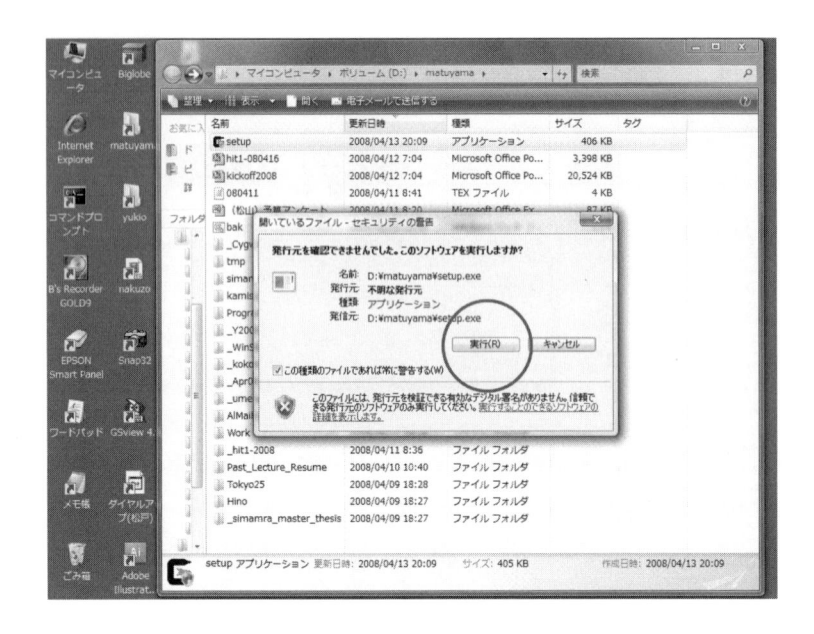

図 21: 「D:\matuyama に保存した setup.exe」を実行しようとした状態.

Cygwin は UNIX(Linux) ライクな環境を Windows の上で構築するものであり，UNIX(Linux) そのものではないということである．従って，UNIX(Linux) 用にコンパイルされたプログラムは動作不可能である．それらのプログラムを動かしたい場合には，ソースを入手して Cygwin 上で再コンパイルする必要がある．

Cygwin は Cygwin のホームページ (http://www.cygwin.com, 2008 年 5 月確認) を介してインターネット上で配布されているもののほか，雑誌の付録や解説書に添付されている CD–ROM などから入手可能である．高速インターネットに常時接続している場合には，最新版をインストールできるという利点からも，Cygwin ホームページから必要なファイルをダウンロードするのがよい．もちろん，雑誌や書籍の付録 CD–ROM からインストールした場合も，インターネットを介して最新版にアップデートすることが可能である．

Cygwin のインストールについて

Cygwin のインストール方法の詳細については，Cygwin ホームページもし

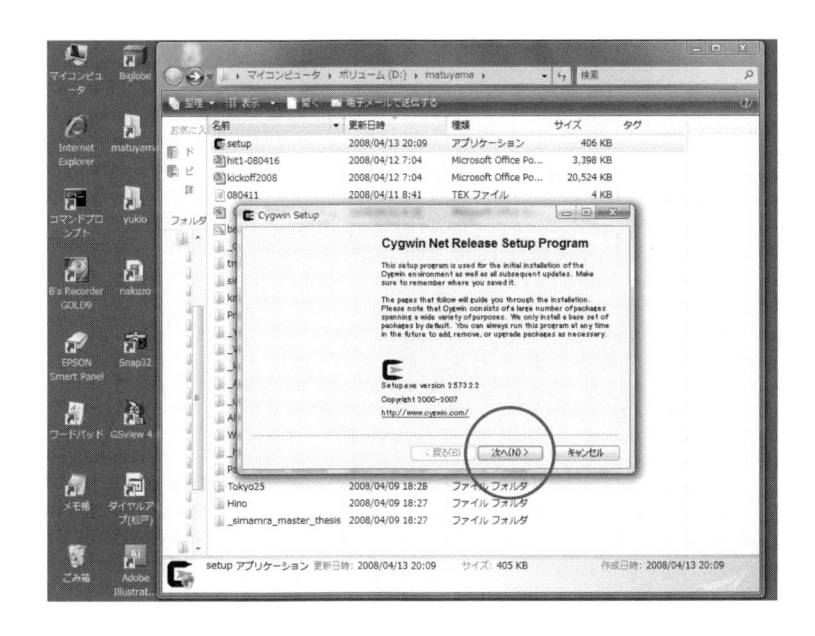

図 22: Cygwin のセットアップが始まった状態.

くは CD–ROM が付録についている書籍 (例えば, 佐藤ほか, 2003, 中村ほか, 2003, 川井, 米田, 2002) を参照していただきたいが, ここでは注意すべき点にしぼって簡単な説明を行なう. Cygwin をインストールするにあたって注意すべき点は, (1) Cygwin のインストール先フォルダ名には空白が入っていないフォルダを選ぶ, (2) 日本語のファイル名・フォルダ名は極力使わない, (3) スペースの入っているログオン名や, 日本語のログオン名は使わない, の 3 点である.

(2) の日本語ファイル名・フォルダ名は極力使用しないについては, もともと Cygwin は UNIX 環境を Windows 上で構築することを目的としているため, UNIX のファイルシステムが日本語のファイル名と相性が良くない (場合によっては使用できない) ことに起因している. それどころか, Cygwin では日本語 (いわゆる "全角文字") は使用できないという覚悟を持ったほうがよい. もちろんプログラム中のコメントや, 日本語のテキストファイルを表示したりすることは可能であるが, Cygwin のツールを用いての日本語処理はほぼ不可能である. 場合によっては一部使用可能なこともあるが, 無用なトラブルを避けるために

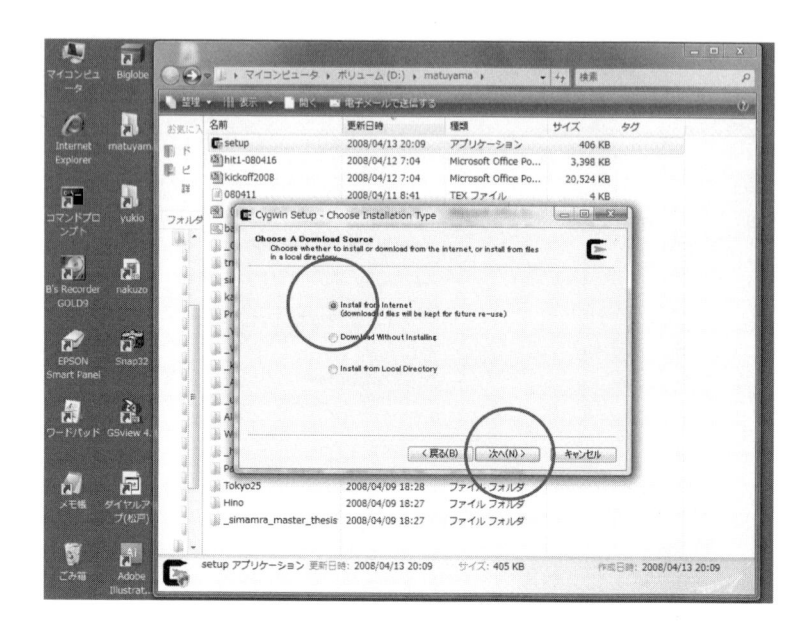

図 23: Cygwin のダウンロード元について「インターネットからインストールする」というボタンをチェックした状態.

も日本語は使わないようが良いだろう．(3) のログオン名に関しても，上記の (1) 及び (2) と関連している．トラブルを避けるためにも考慮していただきたい．

実際のインストール作業は，インストールのウイザードに従えばよい．ここでは，Cygwin のホームページに接続して 2008 年 4 月に実際に Cygwin をインストールした時の話について述べる (以下で述べることを実践するためには，高速インターネットに常時接続できる環境にあることが必要である). 今回 Cygwin をインストールしたパソコンは Panasonic Let's note CF-W5CWKAJS, 基本ソフトは Windows Vista Business 32 ビットオペレーティングシステム，プロセッサは Intel(R) Core(TM)2 CPU U7500 @ 1.06GHz 1.07 GHz, メモリ (RAM) は 2,038MB であった．インストールにかかった時間は約 2.5 時間, インストール先のディスクは 3GB ほど必要で，自分がパソコンの管理者権限を持つ必要がある．

まず，Internet Explorer を立ち上げ Cygwin の HP へ移動すると，図 18 のよう

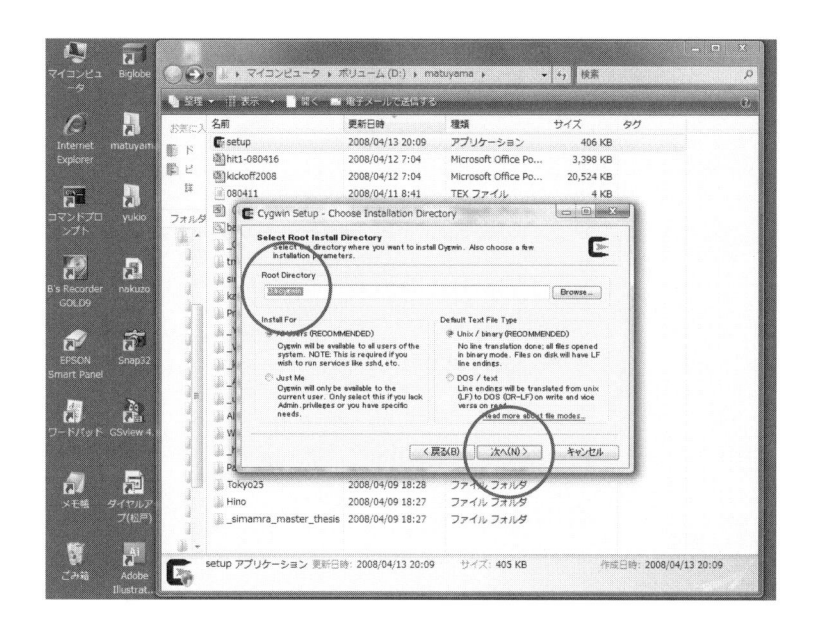

図 24: Cygwin のインストール先を「C:\cygwin」と指定した状態.

な画面になる. 図18の中央下にある「Install or update now !(using setup.exe)」のアイコンをダブルクリックすると,「このファイルを実行または保存しますか？」と尋ねられる (図 19). そこで,「保存 (S)」をクリックして D:\matuyama(自分のホームディレクトリ) の直下に setup.exe を保存した (図 20).

次に, この setup.exe をダブルクリックすると,「発行元を確認できませんでした. このソフトウェアを実行しますか？」と尋ねられる (図 21). 図 21 で「実行 (R)」をクリックすると, 一瞬画面が暗くなって不安になるが (これは Windows Vista 特有のもので, セキュリティ強化のためである), 気にせず許可 (A) をクリックすると, 図 22 の画面になる. とりあえず, 図 22 で「次へ (N)」をクリックすると, Cygwin のダウンロード元について尋ねられるので,「Install from Internet」をクリックする (図 23). さらに,「次へ (N)」をクリックすると, Cygwin のインストール先について尋ねられる (図 24). デフォルトでは C:\Cygwin となっており, 今回はデフォルトのままとしたが, このインストール先については読者の皆さんの好きなようにして下さい.

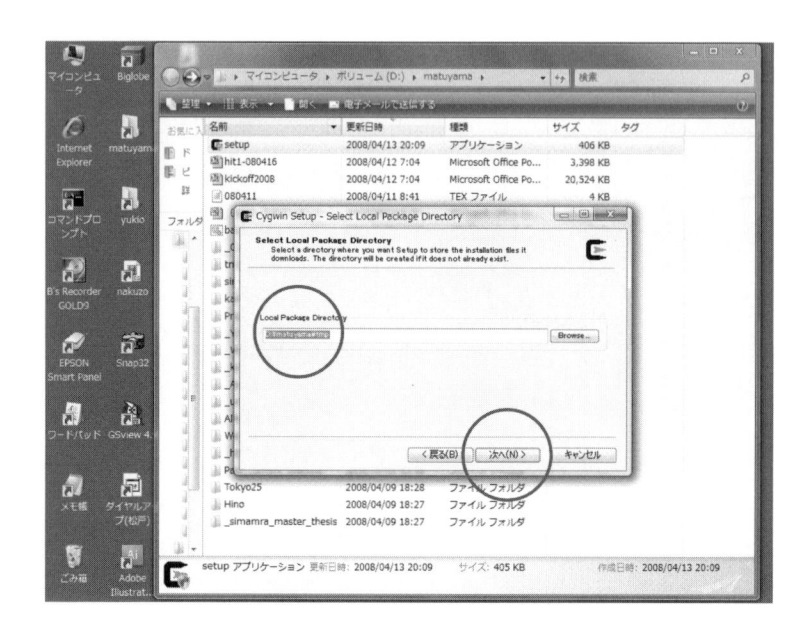

図 25: 一時的なファイルの展開先を「D:\matuyama\tmp」と指定した状態.

図 24 で，その他のチェックボックスはデフォルトのままとして「次へ (N)」をクリックすると，Local Package Directory (インストールに必要なファイルを一時的に置くフォルダ) を尋ねられる (図 25)．ここでは，D:\matuyama\tmp とした．ここで必要な容量は約 0.8MB である．

さらに，図 25 で「次へ (N)」をクリックすると，インターネットへの接続環境について尋ねられる (図 26)．ここでは，デフォルトの「Direct Connection」を選択し，「次へ (N)」をクリックする．すると，Cygwin をダウンロードできる世界中のサイト一覧が表示される (図 27)．ここでは，日本国内にある ftp://ftp.jaist.ac.jp に接続することにして，「次へ (N)」をクリックする．

「Cygwin のうち，どのパッケージを選択するか？」という問いについては，最初は「All Default」となっている画面をクリックして，「All Install」に変更する (図 28)．「All Install」をインストールするのに必要なディスク容量は 3GB ほどであるが，最近のハードディスクは大容量なので通常は問題ないであろう．そして，「All Install」をインストールするのに必要な時間が約 2.5 時間

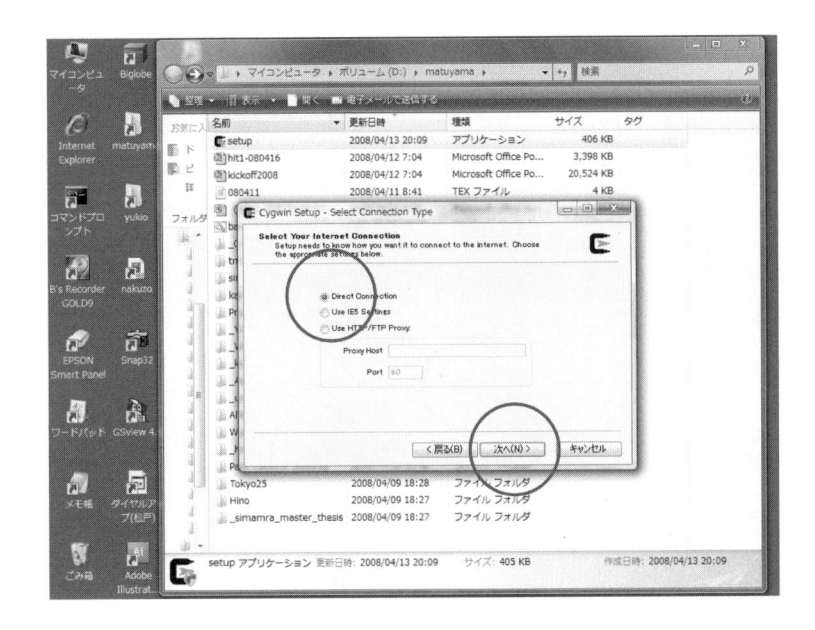

図 26: インターネットへの接続を「直接接続する」と指定した状態.

ということである.もし,ハードディスクに余裕がない場合には,パッケージのうちの Admin, Base, Devel, Interpreters, Libs, Shells, Utils は入れておいたほうがよい.特に,C や Fortran のコンパイラはカテゴリー Devel に入っているため,このパッケージをインストールしないと,プログラミングができなくなってしまう.しかしながら,インストーラはいつでも起動でき,パッケージの削除と追加も随時可能なので,必要なものが出てきた時に改めてそのパッケージだけインストールするというのも一つの手である.

話が横道にそれたが,図 28 で「次へ (N)」をクリックすると,Cygwin のインストールが始まる.インストールが終わるまで 2 時間以上かかるが気長に待つ (途中経過が画面に出る).最後に,「デスクトップ上に Cygwin のアイコンを作りますか?」という問いには (図 29),両方のボタンをチェックしておく.そして,図 29 で「完了」をクリックすると Cygwin のインストールは完了し,アイコンが 4 つできる (図 30).

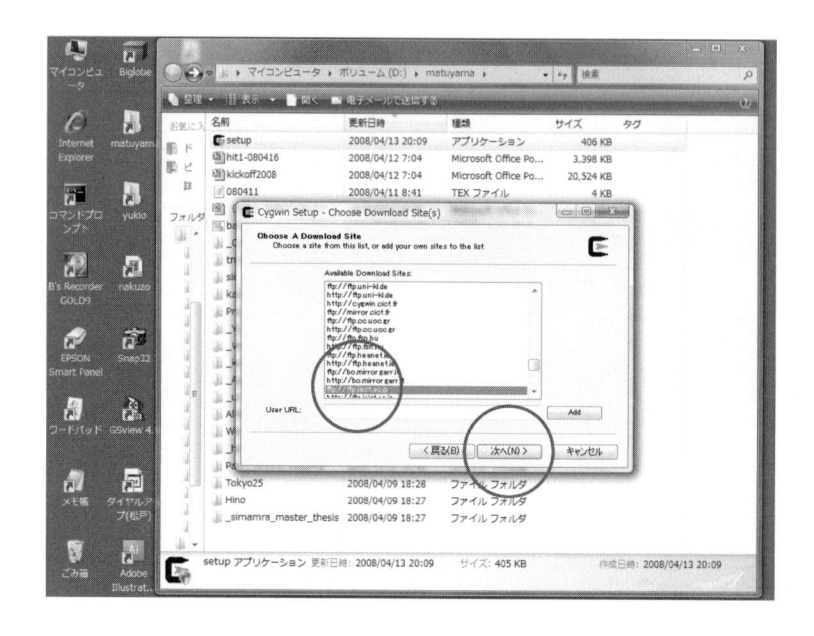

図 27: Cygwin のダウンロード先として「ftp://ftp.jaist.ac.jp」を指定した状態.

インストール後の環境設定

インストールが終了したら，とりあえず図 30 のアイコンのうち一番右下にある Cygwin のアイコンをクリックしてみよう．すると，黒いウインドウが出てくるはずである (図 31)．このウインドウはある特定のフォルダを指している．このフォルダのことをホームディレクトリと呼ぶ．ホームディレクトリ内にあるファイルに対してコマンドを入力することにより，プログラムを実行し，様々な処理を行なうのである．この点は UNIX と全く同じであるため，詳細については UNIX や前述した Cygwin の書籍を参照していただきたい．重要なのは，ホームディレクトリにデータやプログラムをコピーし，作業を行なうという点である．標準では，ホームディレクトリは Cygwin をインストールしたフォルダの home というフォルダ (及びその中のサブフォルダ) になっている．このフォルダは標準状態では C ドライブに存在しているはずである．ホームディレクトリを C ドライブにおいたまま作業を行なっても構わないが，前節では，システム・アプリケーションの入っているパーティションと，データ・プログラ

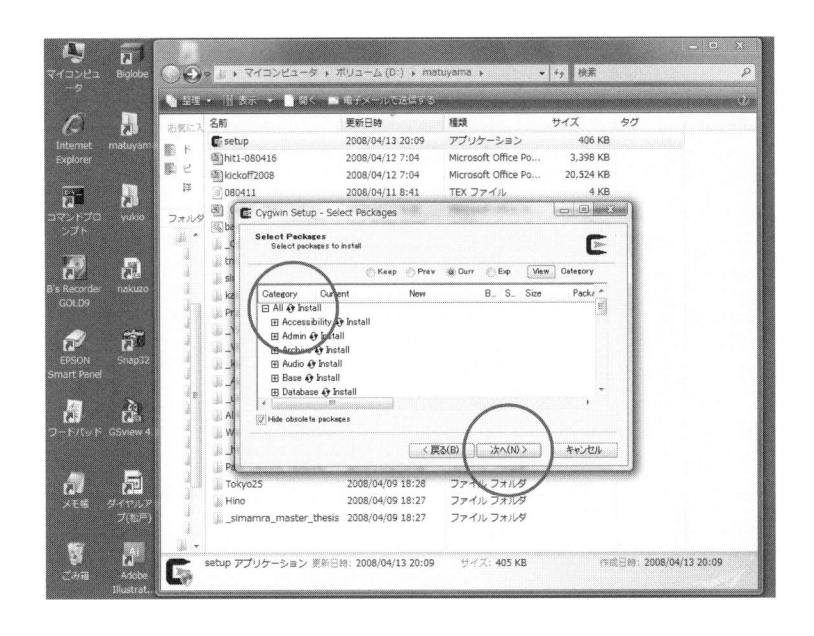

図 28:「図 27 で「次へ (N)」をクリックし「All Install」を選んだ状態.

ムの入っている作業用のパーティションは別パーティションにしたほうがよい
ことを説明し，Windows の「マイドキュメント」フォルダもシステムとは別の
パーティション (D ドライブなど) に移動した．これは Cygwin を利用するうえ
でも全く同じである．そこで，Cygwin のホームディレクトリを「マイドキュメ
ント」フォルダと同じ場所に移動してみよう．こうすることにより，データ・
プログラムを別パーティションに置くことができ，さらに Cygwin と Windows
をつぎ目なく (シームレスに) 利用することが可能になる．

　Cygwin では，「環境変数」を設定することによりホームディレクトリの位置
を変更できる．環境変数の設定方法は Windows のバージョンによって異なる
ため，ヘルプなどを参照してほしい．Windows XP の場合には，「コントロー
ルパネル」の「システム」から「詳細設定」を選び，「環境変数」ボタンで設
定する．「ユーザー環境変数」の「新規」を押し，「変数名」に "home"，変数
値に D ドライブのフォルダ (例として "D:\home"，「マイドキュメント」の位
置と同じ) を入力する (Windows Vista だと，「スタート」→「設定」→「コン
トロールパネル」→「システムとメンテナンス」→「システム」→「システム

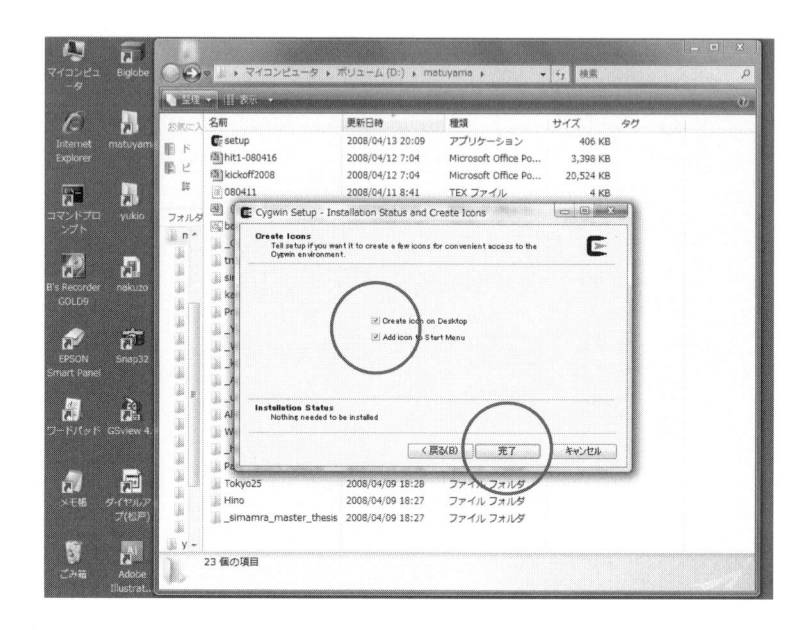

図 29:「デスクトップ上に Cygwin のアイコンを作りますか？」という問いに答えた状態.

の詳細設定」→「環境変数」→「新規」). OK を押せば環境変数の設定は完了である. Cygwin のウインドウを起動しなおせば, Cygwin のホームディレクトリが先ほど環境変数で設定したフォルダになっているはずである.

Fortran や C コンパイラのインストールとプログラムの実行

前節で Cygwin のインストールが完了したので, Fortran や C のコンパイラは使用可能になっている. また, Interpreters をインストールすれば, awk や perl などのインタプリタ言語がインストールされる. ちゃんとインストールされているかチェックするには, Cygwin のプロンプトで

```
g77
```

と入力してみよう (図 31). FORTRAN コンパイラがインストールされていれば,

```
g77: no input files
```

というエラーメッセージが出る (図 31). 同様に, C コンパイラの場合には

図 30: Cygwin のインストールが完了した状態.

gcc

と入力してみる (図 31).

gcc: no input files

という Fortran の時と同じメッセージが出れば, こちらもインストールは完了している (図 31).

プログラムのコンパイルの方法は通常の UNIX(Linux) と同様である. Fortran コンパイラの場合には g77, C コンパイラの場合には gcc に続けてソースファイルを指定する. そうすると a.exe という実行形式ファイルができる. これを実行すればプログラムを走らせることができる.

これで, インターネットにつながったパソコンさえあれば, 本書で説明してきた気候データ解析を実践できる環境が整えられるはずである.

図 31: デスクトップ上の Cygwin のアイコンをクリックし，Fortran コンパイラ (g77) や C コンパイラ (gcc) の動作を確認している状態.

A3　Macintosh での UNIX 環境の構築

現在の Macintosh で使われている Mac OS X は，基本的に Darwin と呼ばれる FreeBSD 系 UNIX の土台の上にユーザインターフェイスが構築されているので，いわゆる UNIX 環境とパソコン環境との相性はすこぶる良い．筆者 (谷本) は大学院を卒業した 1990 年代中頃から Macintosh を使用している．当時は漢字 Talk7.5.1 と呼ばれる非 UNIX ベースの OS だったので，データ解析のための計算は UNIX 環境，論文や発表資料の作成は Macintosh 環境と，2 つの環境を作業に応じて別々に使い分ける必要があった．当然，2 つの環境間でデータを転送しなければならないのであるが，いつもファイルがうまく転送できるとは限らなかった．現在では，このような事態はほとんど起こらず，例えば Mac OS X 上にある UNIX 環境で作図し，そのまま Mac OS X 上で MS-Word 等のワープロ書類に貼り付けることが可能である．このため，ファイル形式が異なるファイルをむやみに作成する必要もない．UNIX 環境からファイル転送した

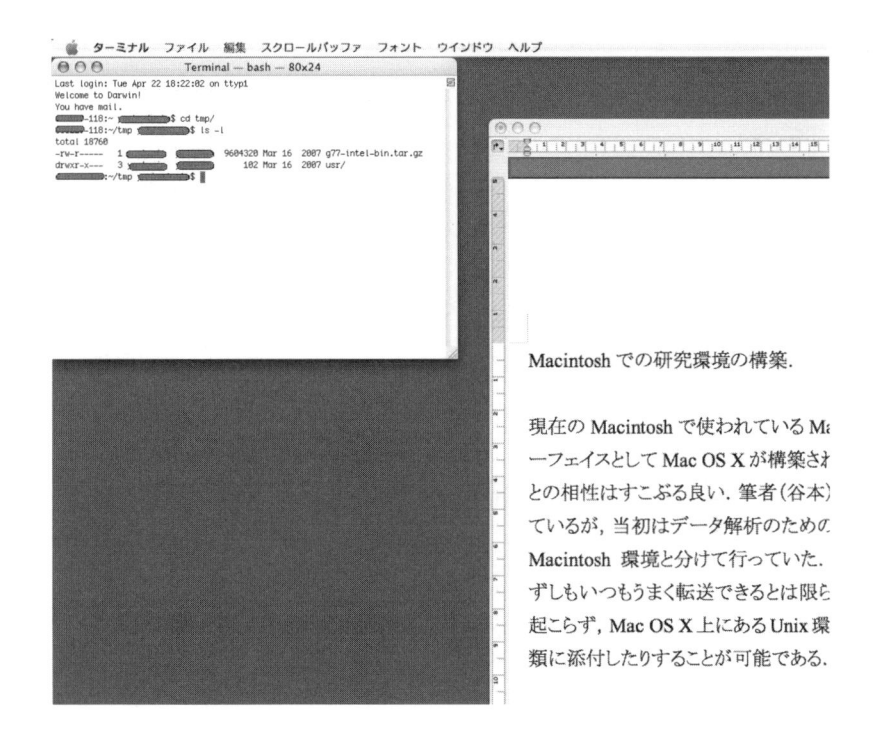

図 32: Macintosh 上で, Unix コマンドを入力するターミナルと同時に MS–Word が起動している状態.

際に起きやすかった「パソコン環境で表示や印刷ができない」といったトラブルが軽減されたことは何にも代え難いメリットである.

　購入してきた Macintosh に新たな設定をしなくとも, Mac OS X 上で UNIX 環境を使うことができる.「アプリケーション」-「ユーティリティ」のフォルダ内にある「ターミナル」を起動すれば, 図32のように UNIX コマンドを入力できるターミナルが現れる. 同じ図には, ターミナルと同時に MS–Word が起動している. このように, Mac OS X 上では UNIX 環境が他のアプリケーションと同じようにソフトウェアの1つとして起動している.

　UNIX 環境では, X Window と呼ばれる環境を使うことも多い. 例えば, 手元の Macintosh を端末としてネットワーク上にある UNIX サーバーマシンに接続するときには, X Window を導入した方がサーバー内の UNIX 環境をその

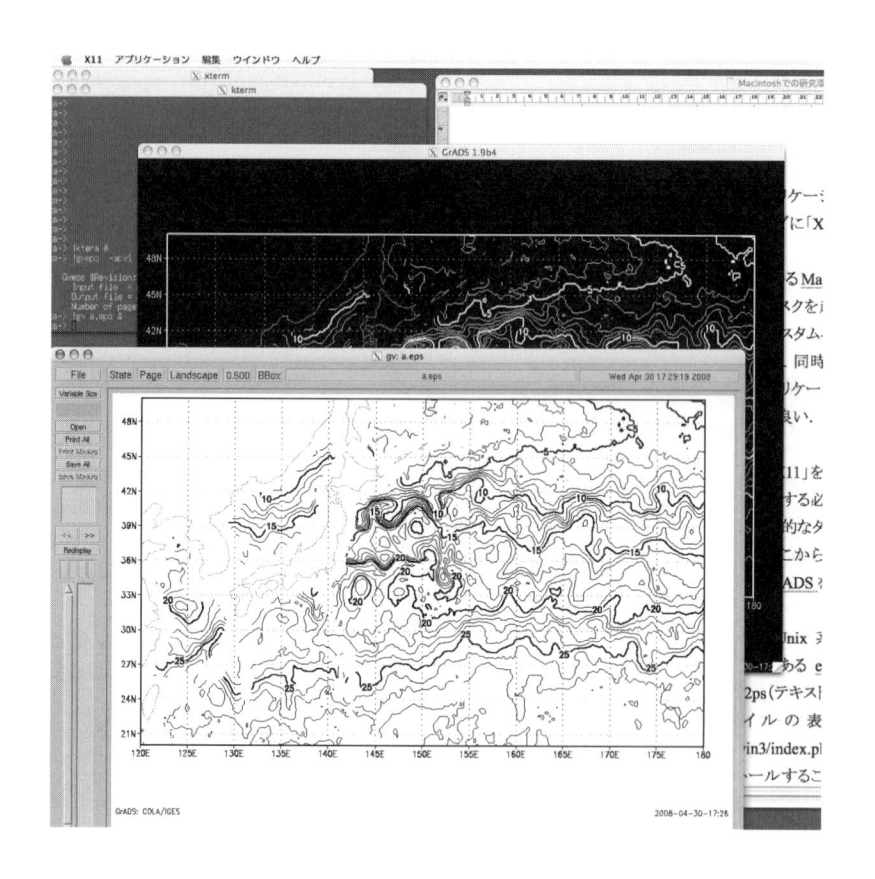

図 33: Macintosh 上で, kterm, GrADS, gv を起動した状態.

まま端末である Macintosh 上に表示できるので便利である．現在の Mac OS X では，X Window も下記のように簡単にインストールできる．アプリケーションは「ターミナル」と同じように，「アプリケーション」-「ユーティリティ」のフォルダに「X11」としてインストールされる．最新の MacOS X Leopard (version 10.5) の場合，「X11」は標準で装備されている．

X11 のインストール方法は，購入した際に付属している Mac OS X Install Disc 1 を入れ，このディスクを起動ディスクとして (「C」キーを押しながら) 再起動する．カスタムインストールで X11 をインストール，同時に他にプリンタドライバ，追加アプリケーションもカスタムインストールすると良い．

「X11」を起動すれば，「ターミナル」を起動する必要はない．図 33 は，X11

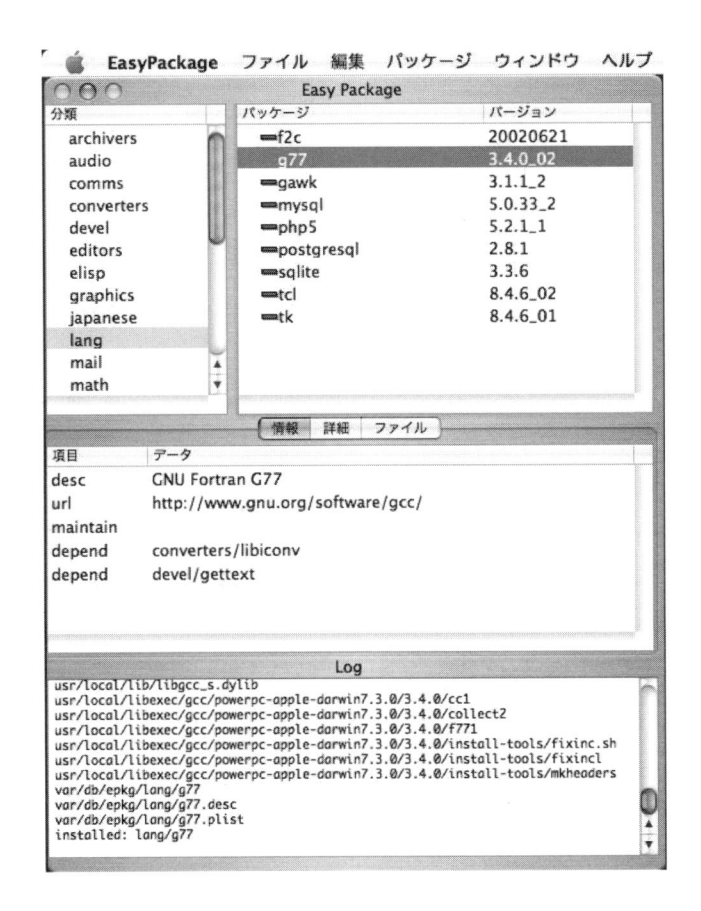

図 34: Macintosh 上で, Easy Package を起動した状態 (一部修正).

上で標準的なターミナルである「kterm」を起動し, そこから解析・作図ソフトウェアである GrADS と Postscript ファイルを表示する gv を起動した状態である.

UNIX 系でよく使われるアプリケーションである emacs(エディタ), kterm(ターミナル), g77(無料の Fortran コンパイラ), a2ps(テキストファイルから Postscript ファイルへの変換), gv(Postscript ファイルの表示) などは, Easy Package (http://www.ie.u-ryukyu.ac.jp:16080/darwin3/index.php?FrontPage, 2008 年 5 月確認) と呼ばれるアプリケーションをインストールすることにより, 各種アプリケーションのパッケージごとに視覚的にインストールできるようになる. Easy Package のインストール方法は上記の Web Site を参照のこと．インストールファイルをダウンロードして，ダブルクリックすればよい．

　Easy Package を起動すると図 34 のような画面が起動する．分類のなかから，例えば lang を選択すると各種開発言語のパッケージが表示される．この中からインストールしたいパッケージ名をダブルクリックすることで，ダウンロードとインストールの双方が完了する．このようなパッケージのインストール方法は，Easy Package のほかにも，Fink プロジェクト (http://www.finkproject.org/, 2008 年 5 月確認) などがある．

　現在の Macintosh は Intel 製の CPU を使用しているため，Linux 環境で動作するさまざまなソフトウェアをそのままインストールしても，ほぼきちんと動作する．筆者の確認した限りでは，無償の GrADS(http://www.iges.org/grads, 2008 年 5 月確認)，地球流体電脳ライブラリ (http://www.gfd-dennou.org/library/dcl, 2008 年 5 月確認)，有償の Intel Fortran(http://www.intel.com/support/performancetools/fortran, 2008 年 5 月確認) などは特に問題なく動作する．これらのソフトウェアは Easy Package には含まれていないが，Linux にインストールするときと同様の手続きを Mac OS X の「ターミナル」上で行ない，インストールすればよい．

　ダウンロードしたはずのアプリケーションが正常に起動しない場合は，一度 OS の再起動を試みるとよい．それでも起動しない場合，表示されるエラーメッセージを確認すること．単にパスが通っていないのが原因であることが多い．その場合は適切にパスの設定を変更してやれば解決する (パスを設定するファイルは.cshrc や.bash_profile など，個人の設定環境によって異なる)．

A4 バックアップの重要性

　A2 節でも述べたように，コンピュータを使った研究ではバックアップを定期的に取ることが重要である．コンピュータは必ず壊れる (子供に壊されることもある)．コンピュータは，いつ爆発するか分からない時限爆弾のようなものである．

　バックアップは，その日の仕事が終わった時に，その日に編集・作成したファ

イルをまとめて，コンピュータとは別のメディアに書き出すことが重要である．また，研究室で火事や盗難騒ぎが起こらないとも限らない．できれば複数個所にバックアップを置くべきであろう．筆者はノートパソコンを毎日持ち歩いているので，フロッピーディスクに取ったバックアップを大学に置くようにしている．また，筆者の知り合いで，以前，バックアップを研究室と自宅，および自分の車の3個所に置いていた人もいる．

　プログラム8は，筆者が使っているバックアップ用のプログラム (backup.csh) である．筆者は libretto, Let's note ともに Linux(Plamo Linux 2.1)+X Window という環境で仕事をしており，このプログラムは c–shell という言語で書かれている．具体的には，自分のホームディレクトリ内 (/home/matuyama) を検索し，作業終了時から24時間以内に編集したファイルを抜き出し，そのうち実行ファイルなどの不要なファイルを消去した後で一まとめにしている．次にこのファイルを圧縮して保存する．プログラム8が行なうのはここまでで，筆者はこの後，圧縮したファイルを手作業でフロッピーディスクや，USB接続の外付けハードディスクに書き出している．筆者は，毎日この作業を帰宅する直前に手作業で行なっているが，OSがUNIXのコンピュータであれば，このプログラムを毎日決まった時刻に，自動的に実行することもできる (下山，城谷, 1991)．読者の皆さんがプログラム8を自分用に書き換える場合には，3行目の cd /home/matuyama を自分のホームディレクトリ名に変更する必要がある．また，Windowsマシンでのバックアップ方法についてはA2節を参照して下さい．

プログラム 8: 筆者が日常的に使用しているバックアップ用のプログラム backup.csh.

```
#!/bin/tcsh -f
#
cd /home/matuyama
#
find . \( -name '*' \) -ctime 0 -exec ls >! tmp.out '{}' ';'
#
grep ./ tmp.out >! tmp2.out
egrep '~' tmp.out >! tmp3.out
diff tmp2.out tmp3.out >! tmp4.out
#
egrep '<' tmp4.out >! tmp5.out
awk '{print $2}' tmp5.out >! tmp6.out
#
```

```
grep a.out tmp6.out >! tmp7.out
diff tmp6.out tmp7.out >! tmp8.out
egrep '<' tmp8.out >! tmp9.out
awk '{print $2}' tmp9.out >! tmp10.out
#
egrep ',' tmp10.out >! tmp11.out
diff tmp10.out tmp11.out >! tmp12.out
egrep '<' tmp12.out >! tmp13.out
awk '{print $2}' tmp13.out >! tmp14.out
#
egrep 'dvi' tmp14.out >! tmp15.out
rm `awk '{print $1}' tmp15.out`
diff tmp14.out tmp15.out >! tmp16.out
egrep '<' tmp16.out >! tmp17.out
awk '{print $2}' tmp17.out >! tmp18.out
#
nice -127 /bin/tar zcf /tmp/gufufu.tar.gz `cat tmp18.out`
#
find . -name a.out -print >! tmp100.out
rm `awk '{print $1}' tmp100.out`
#
find . -print >! tmp200.out
egrep '~' tmp200.out >! tmp300.out
rm `awk '{print $1}' tmp300.out`
#
egrep ',' tmp200.out >! tmp400.out
rm `awk '{print $1}' tmp400.out`
#
rm -rf tmp.out tmp2.out tmp3.out tmp4.out tmp5.out tmp6.out \
tmp7.out tmp8.out tmp9.out tmp10.out tmp11.out tmp12.out \
tmp13.out tmp14.out tmp15.out tmp16.out tmp17.out \
tmp100.out tmp200.out tmp300.out tmp400.out
#
mv tmp18.out /tmp/dehehe.out
ls -al /tmp/gufufu.tar.gz
```

　結局，ノートパソコンで自分用の環境を構築することは，研究環境を総合的に考えることに通じる．筆者は，「プログラムを書いてコンパイル・実行し，図や日本語の文書をコンピュータの画面上に表示する．納得がいくものが出来たらプリンタおよびコンピュータとは別のメディアへ出力する」ことが，研究を進める上で最低限必要な環境だと考えている．ネットワークにつなげなくても，ノートパソコンが一台あれば，世界中どこに行っても自力で研究環境を構築できるような人になりたいと，筆者は常々思っている．

付録のまとめ

付録では，パソコンを用いた「気候データ解析」のための研究環境の構築について述べた．付録のまとめは以下の通りである．

- 「気候データ解析」のためのお勧めはノートパソコンである．持ち運びさえ苦にならなければ，ノートパソコンであれば，世界中どこにいても全く同じ環境で研究ができる．その一方，ノートパソコンで仕事をしていると，公私および平日と休日の区別がつかなくなるという欠点もある．また，ノートパソコンはハード的に壊れやすいし，盗難にあうこともあるので，取り扱いには注意しよう．

- ノートパソコンを買ってきたら，パーティションを切りなおすために，まずはOSの再インストールをする方がよい (Windows Vistaでは，システムを再インストールしなくても，パーティションの大きさを変更できる)．そして，再インストール不可能なファイル (オリジナルデータ，自作プログラム，文書や表計算や発表用のファイルなど) はOSとは別パーティションに置こう．また，ファイルシステムはNTFSにして堅牢なシステムを構築するのがよい．

- Windows上でCygwinをインストールすることで，FortranやCのプログラミングや実行が可能になる．こうして，Windowsを使った「気候データ解析」を実践することができる．

- Macintoshでは，新たな設定をしなくとも，Mac OS X上でUNIX環境を使うことができる．また，UNIX環境でよく使われるX Windowやその他のソフトウェアをMacintoshにインストールして，UNIX端末として使うこともできる．こうして，Macintoshを使った「気候データ解析」を実践することができる．

- バックアップはまめに (できれば毎日) 取ろう．「バックアップファイルがない」という悲惨な状況に陥らないように，バックアップのためのメディアはけちらないようにしよう．

参考文献

有馬 哲, 石村貞夫, 1987: 多変量解析のはなし. 東京図書, 320 pp.

Betts, A. K., J. H. Ball and A. C. M. Beljaars, 1993: Comparison between the land surface response of the ECMWF model and the FIFE–1987 data. *Quart. J. Roy. Meteor. Soc.*, **119**, 975–1001.

Büning, H. and T. Thadewald, 2000: An adaptive two–sample location–scale test of Lepage type for symmetric distributions. *J. Statist. Comput. Simul.*, **65**, 287–310.

Dirmeyer, P. A. and F. J. Zeng, 1999: Precipitation infiltation in the simplified SiB land surface scheme. *J. Meteor. Soc. Japan*, **77**, 291–303.

Dirmeyer, P. A., A. J. Dorman and N. Sato, 1999: The pilot phase of the global soil wetness project. *Bull. Amer. Meteor. Soc.*, **80**, 851–878.

Gilman, D. L., F. J. Fuglister and J. M. Mitchell Jr., 1963: On the power spectrum of "red noise". *J. Atmos. Sci.*, **20**, 182–184.

Heiser, M. D. and P. J. Sellers, 1995: Production of a filtered and standardized surface flux data set for FIFE 1987. *J. Geophys. Res.*, **100**, 25631–25643.

日野幹雄, 1977: スペクトル解析. 朝倉書店, 300 pp.

Hirakawa, K., 1974: The comparison of powers of distribution–free sample tests. *TRU Mathematics*, **10**, 65–82.

廣田 勇, 1999: 気象解析学. 東京大学出版会, 175 pp.

肥田野 直, 瀬谷正敏, 大川信明, 1961: 心理 教育 統計学. 培風館, 346 pp.

石村貞夫, 1989: 統計解析のはなし. 東京図書, 340 pp.

石村貞夫, 1992: 分散分析のはなし. 東京図書, 373 pp.

石村貞夫, 1995: グラフ統計のはなし. 東京図書, 322 pp.

川井義治, 米田 聡, 2002: Cygwin–Windows で使える UNIX 環境. ソフトバンクパブリッシング, 305 pp.

Kendall, M. G., 1938: A new measure of rank correlation. *Biometrika*, **30**, 81–93.

岸根卓郎, 1966: 理論応用統計学. 養賢堂, 600 pp.

気象庁, 1990: 地上気象観測統計指針. 気象庁, 124 pp + appendix.

近藤純正, 1992: 地表面温度と熱収支の周期解及びその応用. 農業気象, **48**, 265–275.

Kousky, V. E. and P. S. Chu, 1978: Fluctuations in annual rainfall for northeast Brazil. *J. Meteor. Soc. Japan*, **56**, 457–465.

Lepage, Y., 1971: A combination of Wilcoxon's and Ansari–Bradley's statistics. *Biometrika*, **58**, 213–217.

Marengo, J. A., 1992: Interannual variability of surface climate in the Amazon basin. *Int. J. Climatol.*, **12**, 853–863.

松山 洋, 2001: ゴスタブラジル?(9) こんにちは幸ちゃん, さようならおじじ様. 地理, **46**(6), 69–76.

Matsuyama, H., J. A. Marengo, G. O. Obregon and C. A. Nobre, 2002: Spatial and temporal variabilities of rainfall in tropical South America as derived from climate prediction center merged analysis of precipitation. *Int. J. Climatol.*, **22**, 175–195.

蓑谷千鳳彦, 1985: 回帰分析のはなし. 東京図書, 325 pp.

蓑谷千鳳彦, 1988: 推定と検定のはなし. 東京図書, 292 pp.

蓑谷千鳳彦, 1997a: 推測統計のはなし. 東京図書, 308 pp.

蓑谷千鳳彦, 1997b: 統計学のはなし (改訂新版). 東京図書, 293 pp.

中村繁利, 熊谷直樹, 御影伸哉, 2003: Windows 上で実現される UNIX 環境 Cygwin を使おう. ディーアート, 259 pp.

Nitta, T. and S. Yamada, 1989: Recent warming of tropical sea surface temperature and its relationship to the northern hemisphere circulation. *J. Meteor. Soc. Japan*, **67**, 375–383.

小川真由美, 野上道男, 1994: 冬季の降水形態の判別と降水量の分離. 水文・水資源学会誌, **7**, 421–427.

Peterson, T. C. and R. S. Vose, 1997: An overview of the global historical climatology network temperature data base. *Bull. Amer. Meteor. Soc.*, **78**, 2837–2849.

Press, W. H., S. A. Teukolsky, W. T. Vetterling, B. P. Flannery 著, 丹慶勝市, 奥村晴彦, 佐藤俊郎, 小林 誠 訳, 1993: Numerical Recipes in C(日本語版)

ニューメリカルレシピ・イン・シー C 言語による数値計算のレシピ. 技術評論社, 685 pp.

Sato, N. and T. Nishimura, 1995: Global soil wetness project– Sensitivity of a simulated water budget to temporal resolution of atmospheric forcings. *GEWEX News*, **5**(2), 1 & 4–5.

佐藤竜一, いけだやすし, 野村 直, 2003: Cygwin+Cygwin JE–Windows で動かす UNIX 環境. アスキー, 350 pp.

薩摩順吉, 2001: 微分積分 理工系の基礎数学 1. 岩波書店, 228 pp.

下山智明, 城谷洋司, 1991: SUN システム管理. アスキー, 831 pp.

Smith, W. H. F. and P. Wessel, 1990: Gridding with continuous curvature splines in tension. *Geophysics*, **55**, 293–305.

東京大学教養学部統計学教室 編, 1991: 統計学入門. 東京大学出版会, 307 pp.

東京大学教養学部統計学教室 編, 1992: 自然科学の統計学. 東京大学出版会, 366 pp.

牛山素行 編, 2000: 身近な気象・気候調査の基礎. 古今書院, 195 pp.

Wessel, P. and W. H. F. Smith, 1991: Free software helps map and display data. *EOS Trans. AGU*, **72**, 441 & 445–446.

Xie, P. and P. A. Arkin, 1997: Global precipitation: A 17-year monthly analysis based on gauge observations, satellite estimates, and numerical model outputs. *Bull. Amer. Meteor. Soc.*, **78**, 2539–2558.

Yasunari, T., M. Nishimori and T. Mito, 1998: Trends and inter–decadal variations of the surface and lower–tropospheric temperature in the northern hemisphere from 1964 to 93. *J. Meteor. Soc. Japan*, **76**, 517–531.

Yonetani, T., 1992a: Discontinuous changes of precipitation in Japan after 1900 detected by the Lepage test. *J. Meteor. Soc. Japan*, **70**, 95–104.

Yonetani, T., 1992b: Discontinuous climate changes in Japan after 1900. *J. Meteor. Soc. Japan*, **70**, 1125–1135.

索 引 (1～3章に出てくる主な用語には英訳を付けた)

ア行
アノマリ (anomaly), 3
アプリケーション, 86
アンサリー・ブラッドレイ検定 (Ansari–Bradley's test), 50
EOF 解析 (EOF analysis), 59
　　結合—(combined —), 72
異常値 (outlier), 6
1次元データ (one dimensional data), 29
移動平均 (running mean), 30
因果関係, 27
インストール
　Windows の再—, 86
　Cygwin の—, 92
　システムの再—, 86
　Mac OS X 上での Easy Package の—, 105
　Mac OS X 上での X Window の—, 104
ウイルコクスン検定 (Wilcoxon's test), 50
Windows, 85
　—の再インストール, 86
SOI(Southern Oscillation Index), 22, 29, 33
X Window
　Mac OS X 上での—, 103
NTFS, 87
FAT, 87
FFT 法, 41
エラーバー (error bar), 38
LAPACK, 63
エルニーニョ現象 (El Niño event), 24, 29, 35
エントロピー (entropy)
　最大—法 (maximum — method), 43
　情報— (information —), 43

カ行
χ^2(カイ自乗, chi-square)
　—検定 (— test), 16
　—分布 (— distribution), 16, 38
解析 (analysis)
　EOF—(EOF —), 59
　クラスター—(cluster —), 77
　経験的直交関数—(empirical orthgonal function —), 59
　結合 EOF—(combined EOF —), 72
　合成—(composite —), 12
　主成分—(principal component —), 59
　スペクトル—(spectral —), 36
　特異値分解—(singular value decomposition —), 72
過誤 (error)
　第1種の—(type I —), 17
　第2種の—(type II —), 17
片側検定 (one sided test/one tailed test), 20
環境変数, 99
頑健性 (robustness), 46, 50
規格化 (normalization), 3, 67
　—ベクトル (normalized vector), 60
危険率 (significance level), 12
気候 (climate, 以下では climatological)
　—値 (— mean), 2
　—データ (— data), 1
規準化 (standardization), 3
季節サイクル (seasonal cycle), 3
基礎統計量 (basic statistics), 1
帰無仮説 (null hypothesis), 17, 47
共分散 (covariance), 21, 24
　分散—行列 (— matrix), 63
距離 (distance)
　個体間の—(— of members), 77
　—の再算出 (re–calculation of —), 78
　平方ユークリッド—(squared —), 77
寄与率 (percentage of explained variance), 64
逆相関 (negative correlation), 24
空間 (space, 以下では spatial)
　—データ (— data), 59
　—内挿 (— interpolation), 9
　—平均 (— mean), 2
　時間方向と—方向, 67
クラスター (cluster)
　—化 (—ing), 77
　—解析 (— analysis), 77
　最終的な—数 (the best number of —s), 78
クラッシュ, 86
GNU プロジェクト, 91
経験的直交関数解析 (empirical orthogonal function analysis), 59
欠測値 (missing data), 7
結合 EOF 解析 (combined EOF analysis), 72
検定 (test)
　アンサリー・ブラッドレイ—(Ansari–Bradley's —), 50
　ウイルコクスン—(Wilcoxon's —), 50
　χ^2—(chi-square —), 16
　片側— (one sided —/one tailed —), 20
　t—, 13
　統計的—(statistical —), 12
　ノンパラメトリック— (nonparametric —), 13, 46, 50
　ラページ—(Lepage —), 50
　両側— (two sided —/two tailed —), 20
言語
　C—, 89
　Fortran—, 89
　Mac OS X 上での Fortran—, 106
格子点データ (gridded data), 9
高周波成分 (high frequency component), 30
個体 (member), 77
　—間の距離 (distance of —s), 77
固有 (eigen)
　—値 (—value), 61
　—値分解 (—value decomposition), 61
　—ベクトル (—vector), 61
convert コマンド, 87
コンポジット (composite)12
合成解析 (composite analysis), 12

合成数 (composite number), 37

サ行
最終的なクラスター数 (the best number of clusters), 78
最大エントロピー法 (maximum entropy method), 43
最頻値 (mode), 5
作為的抽出 (nonrandom sampling), 11
算術平均 (arithmetic mean), 1
散布図 (scatter diagram), 22, 59
サンプル (sample)
　　時間方向の―数, 21
C
　　―言語, 89
　　Visual C++, 89
Cygwin, 91
　　―のインストール, 92
　　―の環境設定, 98
試行錯誤, 29, 51
システム, 86
　　ファイル―, 87
　　―の堅牢性, 87
　　―の再インストール, 86
周期性 (periodicity), 33
周波 (frequency)
　　高―成分 (high ― component), 30
　　低―成分 (low ― component), 30
主成分解析 (principal component analysis), 59
信頼 (confidence)
　　―区間 (― interval), 38
　　―限界 (― limit), 12
GHCN(Global Historical Climatology Network), 6
GSWP(Global Soil Wetness Project), 9
GMT(Generic Mapping Tools), 9
時間 (temporal)
　　―内挿 (― interpolation), 8
　　―方向と空間方向, 67
　　―方向のサンプル数, 21
時間 (time)
　　対象とする―スケール (― scale analyzed), 21
　　特徴的な―スケール (characteristic ― scales), 21
時係数 (time coefficient), 64, 67
時系列 (time series)
　　―データ (― data), 1, 29
　　偏差―(― of anomalies), 22
自己相関係数 (auto-correlation coefficient), 33
従属変数 (dependent variable), 27
順相関 (positive correlation), 24
自由度 (degree of freedom), 14, 20, 38
情報エントロピー (information entropy), 43
スペクトル (spectrum)
　　―解析 (spectral analysis), 36
　　パワー―密度 (power spectrum density), 36, 38
正規分布 (normal distribution), 4, 6
正相関 (positive correlation), 24
説明変数 (independent variable/explanatory variable), 27
線形 (linear)

―回帰分析 (― regression analysis), 46
相加平均 (arithmetic mean), 1
相関 (correlation)
　　逆―(negative ―), 24
　　―係数 (― coefficient), 21
　　自己―係数 (auto- ― coefficient), 33
　　順―(positive ―), 24
　　正―(positive ―), 24
　　相互―係数 (cross- ― coefficient), 33
　　卓越する―関係, 59
　　負―(negative ―), 24
　　無―(no ―), 24
　　ラグ―係数 (lagged- ― coeffiecient), 26
相互相関係数 (cross-correlation coefficient), 24

タ行
ターミナル
　　Mac OS X 上での―, 103
対象とする時間スケール (time scale analyzed), 21
大西洋海面水温偏差場 (sea surface temperature anomalies in the Atlantic), 67
卓越する相関関係, 59
第 1 種の過誤 (type I error), 17
第 2 種の過誤 (type II error), 17
中央値 (median), 5
長期的なバックアップ, 88
長期変化傾向 (long-term trend), 46
直交 (orthogonal)
　　経験的―関数解析 (empirical ― function analysis), 59
t-
　　―検定 (― test), 13
　　―分布 (― distribution), 12
低周波成分 (low frequency component), 30
データ (data)
　　1 次元―(one dimensional ―), 29
　　気候―(climatological ―), 1
　　空間―(spatial ―), 59
　　格子点―(gridded ―), 9
　　時系列―(time series ―), 1, 29
　　独立な― (independent ―), 20
　　2 次元―(two-dimensional ―), 59
　　―の二重化, 88
統計 (statistic)
　　基礎―量 (basic ―s), 1
　　―的検定 (―al test), 12
　　―的有意性 (―al significante), 38
統合開発環境, 90
特異値分解解析 (singular value decomposition analysis), 72
特徴的な時間スケール (characteristic time scales), 21
トレンド (trend), 46
独立な (independent)
　　―データ (― data), 20
　　―標本 (― sample), 50
度数分布 (frequency distribution), 6

ナ行
内挿 (interpolation)
　　空間―(spatial ―), 9
　　時間―(temporal ―), 8

南方振動指数 (Southern Oscillation Index), 22, 29, 33
2次元データ (two-dimensional data), 59
年々変動 (interannual variability), 3
ノートパソコン, 83
ノンパラメトリック検定 (nonparametric test), 13, 46, 50

ハ行
ハードディスク, 86
ハイパスフィルタ (high pass filter), 30
外れ値 (outlier), 46
バックアップ, 88, 106
　　長期的な—, 88
バンドパスフィルタ (band pass filter), 30
パワースペクトル密度 (power spectrum density), 36, 38
標準 (standard)
　　—化 (—ization), 3, 26
　　—偏差 (— deviation), 1
品質管理 (quality check), 6
Visual
　　— C++, 89
　　— Fortran, 90
ファイル
　　—システム, 87
フィルタ (filter)
　　ハイパス—(high pass —), 30
　　バンドパス—(band pass —), 30
　　—リング (—ing), 30
　　ローパス—(low pass —), 30
Fortran
　　—言語, 89
　　Visual —, 90
　　Mac OS X 上での—, 106
フォルダ, 86
負相関 (negative correlation), 24
不偏分散 (unbiased variance), 2
不連続的変化 (discontinuous change), 50
Blackman–Tukey 法 (Blackman–Tukey method), 36
分散 (variance), 1
　　共—(co—), 21, 24
　　—共分散行列 (co— matrix), 63
　　不偏—(unbiased —), 2
分布 (distribution)
　　χ^2— (chi-square —), 16, 38
　　正規—(normal —), 4, 6
　　t——, 12
　　度数—(frequency —), 6
プログラミング, 89
プログラム, 89
平滑化操作 (smoothing), 41
平均 (average)
　　—期間の設定, 51
　　—操作 (averaging), 29
　　偏差の—(— of anomalies), 11
平均 (mean), 1
　　移動—(running —), 30
　　空間—(spatial —), 2
　　算術—(arithmetic —), 1
　　相加—(arithmetic —), 1

領域—(regional —), 2
平方ユークリッド距離 (squared distance), 77
変化 (change)
　　長期—傾向 (long–term —), 46
　　不連続的—(discontinuous —), 50
偏差 (anomaly), 3
　　—時系列 (time series of anomalies), 22
　　大西洋海面水温—場 (sea surface temperature anomalies in the Atlantic), 67
　　—の平均 (average of anomalies), 11
偏差 (deviation)
　　標準—(standard —), 1
変数 (variable)
　　環境—, 99
　　従属—(dependent —), 27
　　説明—(independent — / explanatory —), 27
ベクトル (vector)
　　規格化—(normalized —), 60
　　固有—(eigen—), 61
ホームディレクトリ, 98

マ行
Macintosh, 102
Mac OS X, 102
　　—での UNIX 環境, 102
　　—での UNIX ツールのパッケージ管理 (Easy Package), 105
Mann–Kendall rank statistic, 46
無相関 (no correlation), 24
MEM(maximum entropy method), 43

ヤ行
有意 (significance)
　　—水準 (— level), 12, 38
　　統計的—性 (statistical —), 38
UNIX, 85, 102

ラ行
ラグ (lag)
　　—相関係数 (—ged–correlation coefficient), 26
ラグランジェ未定乗数法 (Lagrange multiplier method), 60
ラページ検定 (Lepage test), 50
Linux, 85, 106
リムーバブルメディア, 88
領域 (region)
　　—平均 (—al mean), 2
　　—分け (separation of —s), 81
両側検定 (two sided test/two tailed test), 20
ローパスフィルタ (low pass filter), 30

ワ行
Ward 法 (Ward method), 77

あとがき

　本書は，ここに書かれていることを読んで理解し実践すれば，一応の気候データ解析を行なえることを目指して書いた(全てのプログラムリストを載せるわけにはいかなかったが，ある程度は実践可能なはずである)．分厚い本になると読者の皆さんに敬遠されるだろうと思い，本書では，気候データ解析に必要かつ当面は十分であろう最小限の解析手法についてのみ紹介した．最小限ではあるけれども，この程度分かっていれば報告書や論文は書けるし，実際，筆者たちは本書で紹介した手法を用いて研究を進めて，学術論文を書いてきた．

　自分たちだけではどうしても書けなかったのが A2 節である．筆者たちは昔から UNIX で仕事をしてきており，Windows を使うのは口頭発表の時ぐらいである．しかしながら，A1 節で推奨したノートパソコンを購入すると，ほぼ自動的に Windows がプリインストールされてくる．買ってきたノートパソコンをそのまま使ったのでは本書に書かれたことを実践できないので，Windows マシンに Fortran のコンパイラをインストールする必要がある．しかしながら，筆者たちにはその経験がないので，A2 節だけは経験豊富な中山 大地さん(東京都立大学)に書いていただき，松山が自分のマシンにインストールしてみた．

　本書は，報告書や論文を書く人を主な読者と想定している．そこで，本書の草稿を東京都立大学理学部地理学科，大学院理学研究科地理科学専攻，北海道大学大学院地球環境科学研究科の学生さんたちに読んでもらい，分かりにくい点を指摘していただいた．また，専門的な立場からは，川村 隆一さん(富山大学)，冨田 智彦さん(熊本大学)，中村 尚さん(東京大学)，増田 耕一さん(地球環境フロンティア研究センター)，松本 淳さん(東京大学)，三上 岳彦さん(東京都立大学)，見延 庄士郎さん(北海道大学)，森島 済さん(江戸川大学)に草稿を読んでいただき，コメントしていただいた．皆様，本当にありがとうございました．

　最後になりましたが，辛抱強く原稿を待って下さった，古今書院の関 秀明さんに感謝したいと思います．

　　　　　　　　　　平成 16 年 7 月 15 日
　　　　　　　　　　松山 洋　　(東京都立大学大学院理学研究科)
　　　　　　　　　　谷本 陽一　(北海道大学大学院地球環境科学研究科)

第二版あとがき

　本書の初版が出てから 3 年以上が経過した. その間, 本書の内容に関する誤りがいくつも見つかった. 直せるものは初版第 2 刷 (2006 年 3 月 21 日発行) で直し, 古今書院の Web Site(http://www.kokon.co.jp) に正誤表を掲載した. しかしながら, その後もいくつか本書の内容に関して読者の皆さんからコメントをいただいていたので, 増刷を機に誤りがなくなるよう, 初版の内容を修正したのが本書 (第二版) である. そのため, 新しい内容はなるべく付け加えないようにしたが, Macintosh を使って研究する方のニーズに応えて, Macintosh での UNIX 環境の構築に関することを付録に追加した. また, Cygwin についても OS が Windows Vista であるノートパソコンにインストールしてみた.

　読者の皆さんからいただいたコメントの中には, 単純なミスもあれば, こちらの理解が不十分なため本質的な誤りとなっていたものもあり, お恥ずかしい限りである. 重要なコメントをいただいた稲津 將さん (当時 東京大学, 現在 北海道大学), 水田 元太さん (北海道大学), 木津 昭一さん (東北大学) に感謝いたします. そして, 大変お忙しい中「2.2 節 周期性の検出」を読んでいただき, 貴重なコメントを下さった佐藤 薫さん (東京大学) に感謝いたします.

　岡島 秀樹さん (海洋研究開発機構) と時長 宏樹さん (ハワイ大学) には, Macintosh での UNIX 環境の構築について御教示いただきました. Todd Mitchel さん (ワシントン大学) には, 1.6 節以降で用いた SOI データを更新していただきました. 島村 雄一さん (元 東京都立大学) からは, 本書の初版全般に関するコメントをいただきました. 本当にありがとうございました.

　第二版の刊行に際しても, 古今書院の関 秀明さんにお世話になりました. ここに記して感謝したいと思います.

　　　　　　　　平成 20 年 5 月 21 日
　　　　　　　　松山 洋　　(首都大学東京大学院 都市環境科学研究科)
　　　　　　　　谷本 陽一　(北海道大学大学院 地球環境科学研究院)

著　者

松山　洋　　　まつやま ひろし　　　[1.2, 1.4, 2.2, 2.3, 2.4, A1, (A2), A4 担当]
1965年東京都生まれ．東京大学理学部地学科卒業．同大学院理学系研究科地理学専攻修士課程修了，同地球惑星物理学専攻博士課程中退．博士（理学）．現在，首都大学東京大学院都市環境科学研究科准教授．専門分野は水文気象データの取得と解析．

谷本　陽一　　　たにもと よういち　　　[1.1, 1.3, 1.4, 1.5, 1.6, 2.1, 3.1, 3.2, 3.3, A3 担当]
1966年神奈川県生まれ．東北大学理学部天文及び地球物理学科第二卒業．同大学院理学研究科地球物理学専攻修士課程修了，同博士課程修了．博士（理学）．現在，北海道大学大学院地球環境科学研究院准教授．専門分野は大気海洋相互作用，気候変動の解析．

書　名	UNIX/Windows/Macintoshを使った　実践！気候データ解析　第二版
コード	ISBN978-4-7722-4122-9
発行日	2005年1月15日初版第1刷発行
	2006年3月21日初版第2刷発行
	2008年10月10日第二版第1刷発行
著　者	松山　洋・谷本　陽一
	Copyright © 2008 Hiroshi MATSUYAMA, Youichi TANIMOTO
発行者	株式会社古今書院　橋本寿資
印刷所	三美印刷株式会社
製本所	三美印刷株式会社
発行所	古今書院
	〒101-0062　東京都千代田区神田駿河台2-10
電　話	03-3291-2757
ＦＡＸ	03-3233-0303
振　替	00100-8-35340
ホームページ	http://www.kokon.co.jp/

検印省略・Printed in Japan

● 古今書院 「気候学・気象学の本」

豪雨の災害情報学　　　　　　　牛山素行著　3675円

1999年以降の近年の豪雨災害は，これまでの豪雨とどこが違うのか？　その際，災害情報システムはどのように機能したか（あるいは機能しなかったか）？　筆者が関わった近年の災害事例を解析し，課題を考察しながら，有効な防災対策を提言する．リアルタイム情報によって実際に被害軽減が確認できる初めての事例，早期避難によって人的被害をゼロにした初めての事例など．2008年10月刊．

気候学の歴史　―古代から現代まで　　吉野正敏著　5880円

気候学の科学史をまとめた専門書．人物伝，方法論の発達，関連分野の広がり，など．

風で読む地球環境　　　　　　　真木太一著　2940円

風をキーワードに地球環境を読み解く科学読み物．

やさしい気候学　増補版　　　　仁科淳司著　2415円

好評の大学テキスト．文科系学生にも理解できるように工夫された内容．

気候のフィールド調査法　　　　西澤利栄編　3360円

気象観測に即役立つ，実践派調査マニュアル．

◇乾燥地科学シリーズ（全5巻）　　　　　　各3990円

気候学・気象学，植物生態学，森林学，土壌学，水文学，資源管理，農学，農業土木，水利，工学，医学，文化人類学，開発援助，環境教育など，幅広い分野の取組みと，砂漠化防止の背景となる日本および国際機関の動きが理解できる．

第1巻　21世紀の乾燥地科学　　　　　2007年3月刊 恒川篤史編
第2巻　乾燥地の自然　　　　　　　　　　　　（2009春予定）
第3巻　乾燥地の土地劣化とその対策　　2008年4月刊 山本太平編
第4巻　乾燥地の資源とその利用・保全　　　　（2009秋予定）
第5巻　黄土高原の砂漠化とその対策　　2008年3月刊 山中典和編

いろんな本をご覧ください
古今書院のホームページ

http://www.kokon.co.jp/

★ 500点以上の**新刊・既刊書**の内容・目次を写真入りでくわしく紹介
★ 環境や都市, GIS, 教育など**ジャンル別**のおすすめ本をラインナップ
★ 月刊『**地理**』最新号・バックナンバーの目次&ページ見本を掲載
★ 書名・著者・目次・内容紹介などあらゆる語句に対応した**検索機能**
★ いろんな分野の関連学会・団体のページへ**リンク**しています

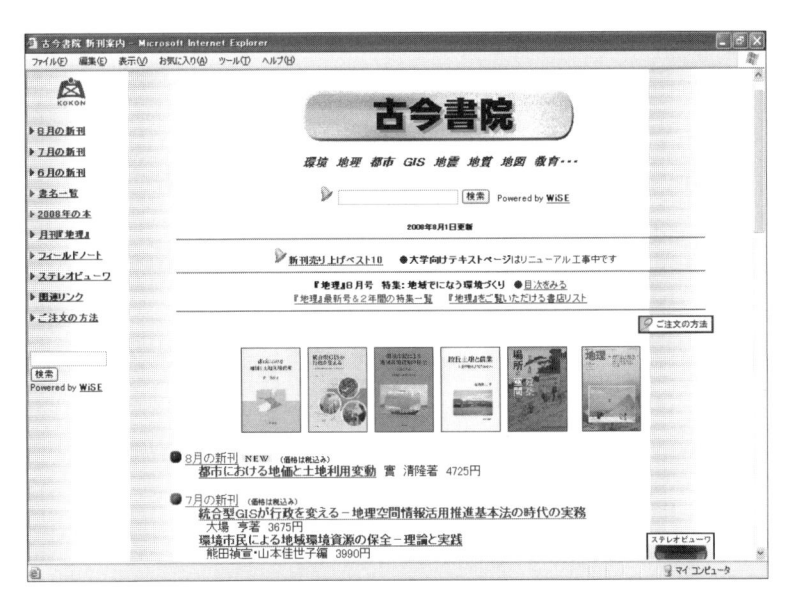

古 今 書 院
〒101-0062　東京都千代田区神田駿河台2-10
TEL 03-3291-2757　　FAX 03-3233-0303
☆メールでのご注文は order@kokon.co.jp へ